图文新解

建筑营造与家具器用

鲁班经

贾洪波　艾虹◎编著

古代匠作品鉴

江苏凤凰科学技术出版社

**图书在版编目 (CIP) 数据**

图文新解鲁班经 : 建筑营造与家具器用 / 贾洪波，
艾虹编著 . — 南京 : 江苏凤凰科学技术出版社 , 2019.1
ISBN 978-7-5537-9802-8

Ⅰ . ①图… Ⅱ . ①贾… ②艾… Ⅲ . ①古建筑－建筑
艺术－中国②《鲁班经》－研究 Ⅳ . ① TU-092.2

中国版本图书馆 CIP 数据核字 (2018) 第 251831 号

**图文新解鲁班经　建筑营造与家具器用**

| | |
|---|---|
| 编　　　著 | 贾洪波　艾　虹 |
| 项 目 策 划 | 凤凰空间 / 翟永梅 |
| 责 任 编 辑 | 刘屹立　赵　研 |
| 特 约 编 辑 | 段梦瑶 |

| | |
|---|---|
| 出 版 发 行 | 江苏凤凰科学技术出版社 |
| 出版社地址 | 南京市湖南路 1 号 A 楼，邮编 : 210009 |
| 出版社网址 | http://www.pspress.cn |
| 总 经 销 | 天津凤凰空间文化传媒有限公司 |
| 总经销网址 | http://www.ifengspace.cn |
| 印　　　刷 | 北京博海升彩色印刷有限公司 |

| | |
|---|---|
| 开　　　本 | 710 mm×1000 mm　1/16 |
| 印　　　张 | 12.5 |
| 字　　　数 | 189 000 |
| 版　　　次 | 2019 年 1 月第 1 版 |
| 印　　　次 | 2019 年 1 月第 1 次印刷 |

| | |
|---|---|
| 标 准 书 号 | ISBN 978-7-5537-9802-8 |
| 定　　　价 | 58.00 元 |

图书如有印装质量问题，可随时向销售部调换（电话 : 022—87893668）。

# 前　言

　　中国古代建筑，历经数千年，始终沿着以木构架为主的方向发展，从材料结构到装修装饰，从个体形式到群体组合乃至城市布局，形成了与西方古代建筑砖石承重结构体系迥然不同的建筑面貌，有着自己独特的做法制度、技术特点、艺术风格和建筑文化，在世界建筑史上独树一帜，成为中华传统文化的一个有机组成部分，直到20世纪初才基本终结。但至今在一些古老城镇和部分乡村的民间住宅仍然不同程度地保持着传统的建筑形式，而在园林景观中传统建筑固有的面貌和艺术特性不仅从未失去，而且还在继续发扬光大。尽管数千年来中国古建筑的发展取得了辉煌的成就，技术和艺术水平都达到了相当的高度，但由于在封建传统文化观念下，建筑营造同其他手工业一样属于不入流的匠作之事，一向被视为"技"而非"学"，建筑的技术方法基本上只靠匠人师徒口传手授世代传承，很少能够留下关于建筑的专门著述。传今的官方建筑专书只有两部，一是北宋崇宁二年（1103年）颁行的由将作监李诚奉敕编修的《营造法式》，一是清雍正十二年（1734年）颁行的工部《工程做法则例》。此外，也有一些民间编写的建筑专书传世，如明末计成编写的反映造园理论与方法的《园冶》，清末姚承祖编写的反映苏南地区建筑技术做法的《营造法原》等。《鲁班经》也是明清时期一部比较有影响的反映民间建筑营造技术方法的著作。

《鲁班经》全称为《新镌京版工师雕斫正式鲁班经匠家镜》。此书至迟出现于明万历年间（1573—1620年），是一部主要流行于我国南方地区的民间建筑图书，流传至今的版本有十余种。托名为《鲁班经》，实际与鲁班没有任何关系，是民间匠人建筑营造技术和经验的总结汇编，只是借用了被木工行业奉为始祖的"鲁班"之名。现存年代最早的《鲁班经》版本，为国家文物局馆藏的明万历刻本，全书三卷加附录，可惜该书前二十余页早已散轶，不见书名及作者详情。在卷一所载凉亭水阁插图之后有"新镌京版工师雕斫正式鲁班经匠家镜卷之一终"二十字，可以推断当时该书题名。明崇祯年间（1627—1644年），在万历刻本的基础上进行重刻，题名为《新镌京版工师雕斫正式鲁班经匠家镜》，体例与明万历本略同，全书内容完整，卷首存有编集者姓名："北京提督工部御匠司司正午荣汇编，局匠所把总章严全集，南京御匠司司承周言校正"。所谓"御匠司""局匠所"这两个机构未见于明代史书，而且书中对"王府宫殿""郡殿角式"等的叙述十分牵强，与明代官式建筑不符，因此有学者推断此书的编者是一些不谙官式做法的民间匠师，只是为了显示书的权威性，才杜撰了这些编者官司职务。此外，明末还有一些其他版本的《鲁班经》，名称和内容也略有差异，有些将书名"鲁班经"改为"鲁班木经"。清代刊行的《鲁班经》题名基本可以分为两种：一种题名为《新刻京板工师雕镂正式鲁班经匠家镜》，另一种题名为《新镌工师雕斫正式鲁班木经匠家镜》。从内容来看，前者多是对明崇祯本的直接翻刻，刻印质量比较粗糙；后者则在明崇祯本的基础上有所改刻，删减了大量图片，并对内容进行了部分调整和校改。另外，清代民间还流传着许多石刻本，但质量较粗劣。民国时，曾刊印了四卷本《绘图鲁班经》，图文质量有了一定提升。1938年，上海鸿文书局又刊印了由浦士钊校对的单行本《绘图鲁班经》。这两个版本为此后对《鲁班经》的整理和研究提供了很大便利。

民国时期四卷本《绘图鲁班经》

关于《鲁班经》的成书源流问题。今人陈增弼《〈鲁班经〉与〈鲁般营造正式〉》（载《建筑历史与理论》第三、四辑）一文指出，《鲁班经》全书包含了《鲁般营造正式》的内容。《鲁般营造正式》今见最早和唯一古本为藏于宁波天一阁的明成化、弘治年间刻本。这基本是一本纯建筑技术方面的书，内容主要是关于一般民间房舍和楼阁的建造方法，另外还涉及一些特殊建筑类型如钟楼、宝塔、畜厩等。书中附有大量插图，图中所表示的某些做法和北宋官方刊行的《营造法式》颇为相近，尤其是"请设三界地主鲁班仙师文"一段文字中还保留着元代各级地方行政建制的名称，如路、县、乡、里、村等，因此可以推断此书最早的编写年代应早于明代中期，可上溯至元末明初。明万历本《鲁班经》，几乎照录了天一阁本《鲁般营造正式》的全部内容，只是在编排顺序和具体表述上略有差异，并对《鲁般营造正式》的插图进行删改，同时增加了不少制作家具及其他生活用具的内容。到崇祯本又增加了算盘、手推车、踏水车等条目内容，增补了一些图式，更大量增入有关风水迷信的篇幅内容，从而使一本建筑技术书变成了技术与风水符咒、魇镇祈禳、避凶择吉相伴间杂的带有强烈迷信色彩的混合物了。此后各地所刊的《鲁班经》，都是从万历本、崇祯本衍化而来，内容大同小异，只是由于刊行地区的差异而掺入了一些不同的地方做法。所以，《鲁般营造正式》的内容远不及《鲁班经》丰富。今人郭湖生《关于〈鲁般营造正式〉和〈鲁班经〉》（载《科技史文集》第七辑）一文指出，《鲁班经》不是对《鲁般营造正式》的"增编"，也不是"改编"，而是名副其实的"新编"，它从性质和要求上完全不同于《鲁般营造正式》。这一说法大体符合实际。《鲁班经》所增加的这些内容，大多可从早期或同期风水类书籍中找到相同或相近的记载。可见在《鲁班经》的编写过程中，除《鲁般营造正式》外，还参考和摘录了当时所见的多种营造、风水、择吉、天文、历法、神煞等方面的书籍资料。尽管《鲁般营造正式》的流传与影响远不及《鲁班经》，单就有关建筑营造技术方面而论，今天我们要正确研读和理解《鲁班经》时，仍需要与《鲁般营造正式》相对照。如"秋千架"一条，在《鲁般营造正式》中本指一种类似于"秋千"式的房屋梁架结构，但在《鲁班经》中却绘为一幅真正的"秋千"图，如非《鲁班经》编者特为形象示意，就是其未能详察而望文生义了，如果不参看《鲁般营造正式》，就易产生误解。其实，现《鲁班经》残存的绘图，多不准确，难以与正文内容互相对照，不仅不能与《营造法式》《园冶》《工程做法》这些正规建筑图书中的图样相提并论，且较《鲁般营造正式》中的图亦相差甚远。这可能有两个原因：一是《鲁班经》全书的重心在于从建筑的风水吉凶角度出发来讲建筑的尺度做法，而于具体的建筑构造技术言之不多，故其所附图样只是简单示意，不能以规范建筑图纸视之；二是《鲁班经》的图、文很可能并非同一人所作，而是另有人为之配了图。我们在注译时将部分原图附后，读者可以自行比较。

　　《鲁班经》长期广泛流行于江南及福建、广东等地，这些地区现存的明清民间木构以及室内装修、家具等，有很多与《鲁班经》的做法相符，虽然《鲁班经》亦曾传入北地，而这些做法却难以在北方地区看到。《鲁班经》全文仅两万余字，但其所涉及的内容十分广泛庞杂，几乎涵盖了民间有关营建的各个方面，是对南方民用建筑营建技术的一次系统总结，同时也包含众多相宅择吉的风水迷信内容，是了解研究明清南方民间建筑形制、装修装饰、家具制作、营造尺度以及当时社会风俗与民间信仰的宝贵材料。

　　学术界近年来尤为重视对《鲁班经》的研究，并已取得较为丰富的成果。但由于《鲁班经》是一部古代南方民间流行的建筑图书，具有口传资料汇编的特点，其内容庞杂，文体不一，韵白互参，字词用语不规范，杂有不少古体字、异体字以及错字、白字，今人的认识也并不完全一致，仍有许多问题未能阐释清楚，因此，还要继续深入探讨。1994年国家重点出版工程《续修四库全书》正式启动，《鲁班经》《鲁般营造正式》均被收入到史部政书类进行整理出版。《鲁班经》以北京大学图书馆所藏清乾隆年间刻本影印，题名为《新镌工师雕斫正式鲁班木经匠家镜》。该本共分三卷，卷首先附部分图像，卷三为房屋大门的风水吉凶图式。卷一、卷二的主要内容可以大略概括如下：木匠行业的施工规矩、制度及仪式；民间屋舍包括家具在内的施工步骤过程中所必须注意的事项，如在方位、日期、尺度上的避凶向吉的选择；以鲁班尺为核心的建筑尺度取量原则方法；当时流行的常用房屋构架形式和建筑构成名称；家具和农具等民间日常生活用具的做法等。其中以对常用房屋构架形式和建筑构成名称一项内容，对民间建筑的实际意义最大，书中把房屋与室内家具和摆设的尺度、做法结合为一体的思想，也颇有特点。而其余风水迷信说法，今日看来并不科学，不必理会。我们此次以《续修四库全书》收录的《新镌工师雕斫正式鲁班木经匠家镜》为底本，对《鲁班经》进行点校和注译，同时就相关内容补充了一些"延伸阅读"知识，以帮助普通读者更好地认识和理解一些古代建筑知识。应出版要求，《鲁班经》原书中涉及风水迷信内容，尽皆删去，但有个别地方这些内容与建筑的方法是混在一起叙述的，无法摘清，只得照录，但我们会在注释中将这种情况加以说明，以便读者甄别。

《续修四库全书》影印本《鲁班经》书影

　　在步入正文之前，尚需于此先行说明几个在正文注释和延伸阅读中会不时提及的名词概念。明清时期作为中国古代建筑发展的最后阶段，在数百年都城宫殿的营建活动中，在继承唐宋以来建筑技术和艺术的基础上，融汇吸收一些地方建筑的优秀手法，形成所谓"官式建筑"的体系，它有着一套成熟完备的建筑做法和规范制度，无论结构构件还是装修装饰都具有严谨整饬的特点，呈现比较统一的程式化的建筑结构模式和风格面貌。所谓"官式"，既含有官方的，又含有行业公推的、统一的、规范的、标准的等意思，由朝廷官府加以总结规范，颁行为成文的建筑"做法""则例"，其典型代表就是清工部《工程做法则例》（原书封面题名《工程做法则例》，中缝题名《工程做法》，二名通用）。此外，还有很多一直为京城地区匠师们口传手授、相沿成习的做法原则，特别是一些具体的操作工艺过程，未见于官方规定，同样属于"官式"的范畴。官式做法主要流行于以都城北京为中心的华北地区，其影响也及于北方大部分地区以及南方部分地区，应用范围主要以皇家建筑、寺庙、官署以及官僚贵族府邸等为主体。相对官式建筑而言，民间建筑是指由民间工匠建造的建筑，又称为地方建筑，主要包括民间公共建筑（如宗祠、会馆、书院等）、民间寺观神庙、私家园林以及广大的民居住宅等。明清民间建筑，大体上可分为北方和南方两大体系。实际上，以上对民间建筑或地方建筑的描述性说明，只是大体而言，其内涵和范畴并不十分严密，民间建筑与地方建筑的概念并不能完全等同。北方民间建筑受官式建筑规范影响较深，也多用抬梁构架，特别是京畿、华北地区的做法都大致同于官式建筑，即使是民居也与官式建筑中的小式做法相似，只是多比官式建筑简化。所以实际上通常所说的民间建筑或地方建筑，主要地域是南方。南方地区由于其自然地理和气候环境的复杂性，建筑结构需要更加灵活多变地处理。北方民间建筑多具有官式建筑做法，则一般将其涵于官式建筑系统之内；而南方地区由官方建造的建筑，有的具较强地方民间特色，有的具体建筑就是两种建筑手法和风格的融合，或也可以划归地方建筑之类。此外，南宋时期，宋室南迁，北方的建筑工匠与技术也同时南传，北宋官方建筑专书《营造法式》记载的建筑做法制度，有一些在北方并未得到继承，反而在南方得以传承下来。明成祖朱棣迁都北京，征召了大批南方工匠营建都城，南方的建筑技术又得以北传。所以，如论到具体的官式建筑与民间建筑或地方建筑，北方建筑与南方建筑，实际都常是你中有我、我中有你的情形。当然，民间建筑分布地域广，无论是南方还是北方各地，自然地理和气候环境、社会人文历史情况都千差万别，各地建筑都有不同的习惯做法，带有多种多样的地方特色，也绝不是北方、南方两个概念就能全部概括的。我们一般所说的北方建筑，主要以华北地区为代表，南方建筑主要以江南地区为代表。

官式建筑与民间建筑的分野，在明清以前也一定存在，像宋《营造法式》一书就基本可以视为当时官式建筑做法的总结，只是明清以前的民间建筑至今已难得一见，其详情难以考察了。明清官式建筑在构造形式上，分为大式建筑和小式建筑。大式建筑也称殿式建筑，主要用于宫殿、坛庙、官署、寺观、府第、园林、城楼等建筑组群中的主要及次要殿堂屋宇，属高等级建筑；小式建筑主要用于上述组群建筑中的辅助性房屋以及宅舍、店肆等一般建筑，北方民间建筑包括民居在内也主要是小式。大式与小式的区别，表现在建筑规模的大小（单体建筑体量如间架大小、群体组合方式）、建筑平面的繁简、建筑形式的难易、用材尺度的大小、做工的精繁粗简等，以及装修和装饰上的不同上，是建筑等级的一种鲜明体现。在具体梁架构件节点做法上，大小式也有复杂和简易的区别。大式、小式做法，除木作外，也有瓦石之作的区别。有时将大式建筑的某一构件或某一部位予以一定程度的简化，即近于小式做法，是为"大式小作"。

虽然明代建筑与清代建筑做法也存在着若干差异，名称术语上也有所不同，但建筑史学界一般还是把它们从整体上视为同一个大的阶段体系，在具体构件及构造做法名称术语上以清工部《工程做法》所代表的清式名称称之；对明清以前的古建筑，则以《营造法式》所代表的宋式名称称之。《鲁班经》是成书于明代中后期的反映南方地区民间建筑技术的书籍，它所记载的做法名称，有一些同于宋式，有一些同于清式，有一些同于清代江南地区的叫法，但更多的是与三者都不同。而明代有关建筑营造的书文，包括专记和散见者，都很有限，不少名词术语与宋式、清式以及江南地区名称的关系并不十分清楚，还有一些名词术语是仅见于《鲁班经》及《鲁般营造正式》的。我们在注译《鲁班经》及介绍"延伸阅读"知识时，基本是从清式出发，适当参照对应宋《营造法式》记载以及清代江南地区的做法名称（清江南地区建筑做法名称以苏南地区为代表，又称苏式做法或苏式名称）。虽然力求尽量阐释准确，但有不少是出于推测，错误在所难免，敬请读者批评指正。

编著者

2019 年 1 月

# 目 录

图文新解
鲁班经
建筑营造与家具器用

图文新解 鲁班经 建筑营造与家具器用

卷
壹

# 鲁班仙师源流

师讳[1]班，姓公输，字依智，鲁之贤胜路[2]东平村人也。其父讳贤，母吴氏。师生于鲁定公三年[3]，甲戌[4]五月初七日午时[5]。是日，白鹤群集，异香满室，经月弗散，人咸奇之。甫[6]七岁嬉戏不学，父母深以为忧。迨[7]十五岁，忽幡然[8]，从游于子夏[9]之门人端木起。不数月，遂妙理融通。度越时流，愤诸侯僭称[10]王号，因游说列国，志在尊周。而计不行，遂[11]归而隐于泰山之南小和山焉，晦迹几一十三年。

偶出而遇鲍老辈，促膝谦谈[12]，竟受业其门，注意雕镂刻画，欲令中华文物焕尔一新。故尝语人曰，不规[13]而圆，不矩[14]而方，此乾坤自然之象也。规以为圆，矩以为方，实人官两象之能也。矧[15]吾之明，虽足以尽制作之神，亦安得必天下万世咸能师心而如吾明耶？明不如吾，则吾之明穷，而吾之技亦穷矣。爰[16]是既竭目力，复继之以规矩准绳，俾[17]公私欲经营宫室，驾造舟车与置设器皿，以前民用者要不超吾一成之法，已试之方矣。

然则师之缘物尽制、缘制尽神者，顾[18]不良且钜[19]哉！而其淑配[20]云氏，又天授一段[21]神巧，所制器物，固难枚举，第[22]较之於师，殆有佳处，内外赞襄，用能享大名而垂不朽耳。裔[23]是年跻[24]四十，复隐于历山，卒遘[25]异人授秘诀，云游天下，白日飞升，止留斧锯在白鹿仙岩，迄今古迹昭然如睹。

故战国大义赠为永成待诏义士。后三年，陈侯加赠智惠法师。历汉、唐、宋犹能显踪助国，屡膺[26]封号。明朝永乐间，鼎创北京龙圣殿，役使万匠，莫不震悚。赖师降灵指示，方获洛[27]成。爰建庙祀之，匾曰鲁班门，封待诏辅国大师北成侯，春秋二祭，礼用太牢[28]。今之工人，凡有祈祷靡[29]不随叩随应，忱[30]悬象著明而万古仰照者。

1. **讳**：古时称死去的皇帝或尊长的名字。

2. **贤胜路**：东周时鲁国地方行政区名，也有人认为是"贤圣录"之误。

3. **鲁定公三年**：即公元前 507 年。鲁定公，春秋时鲁国国君，姬姓，名宋，生于公元前 556 年，卒于公元前 495 年，在位十五年（前 509—前 495 年）。

4. **甲戌**：古代干支纪年法，以一个天干名配一个地支名纪一年，十天干和十二地支从首至尾顺序相配，六十年一轮，称一甲子，周而复始。鲁班出生的这年即鲁定公三年，天干为甲，地支为戌，故称甲戌年。

5. **午时**：中午、正午时分。古时分一昼夜为十二个时辰，午时当今时十一时至十三时。

6. **甫**：方，才，刚刚。

7. **迨**：至，到，等到，达到。

8. **幡然**：同"翻然"，很快而彻底地改变。

9. **子夏**：卜子夏，姓卜名商，字子夏，春秋末至战国初晋国人，孔子的学生。

10. **僭称**：妄称，僭越而称。僭越，指使用超越自己身份等级的名号、礼制等。这里指诸侯僭越身份等级使用王号。

11. **迺**：乃，于是。

12. **讌谈**：讌，同"宴"，讌谈即宴谈，也作燕谈，为闲谈之意，这里指鲁班与鲍姓老人相遇后，促膝畅谈。

13. **规**：画圆的工具。

14. **矩**：画方或直角的工具。

15. **矧**：况且。

16. **爰**：于是。

17. **俾**：使。

18. **顾**：文言连词，有反而、怎的意思，表示轻微转折。

19. **钜**：此处为巨、大的意思。

20. **淑配**：佳偶、贤妻。

21. **叚**：通"假"，为借的意思。

22. **第**：家中。

23. **裔**：边缘，末端，尽头，这里指年末之意。

24. **跻**：登，上升，达到。

25. 遭：遇到。

26. 膺：接受，承受，承当。

27. 洛：通"落"。

28. 太牢：古时最隆重的祭礼，祭祀用牲为牛、羊、猪。

29. 靡：无，没有。

30. 忱：真诚、诚恳。

## 译文

　　仙师的名讳叫班，姓公输，字依智，鲁国贤胜路东平村人。其父讳名贤，母亲吴氏。仙师出生于鲁定公三年，这一年为甲戌年，日期是五月初七，出生时辰在正午。他出生这天，有很多白鹤在此聚集，屋中充满了奇特的香味，经历整月都没有消散，人们都对此感到十分惊奇。鲁班仙师刚刚七岁的时候，整天嬉戏玩乐，不专心学习，他的父母为此深感担忧。到他十五岁的时候，忽然彻底转变了，跟随子夏的门人端木起游学。不过几个月的时间，他就已将绝妙的道理融会贯通。随着时间的流逝，鲁班仙师愤慨于当时社会诸侯僭越称王的现象，因而到列国游说，立志于尊崇周王室。然而他的计划难以实行，于是返回鲁国，隐居于泰山南面的小和山，踪迹不现于世将近十三年。

　　鲁班仙师一次偶然外出，遇到了一位姓鲍的老人，与其促膝畅谈，最终拜师老人门下受业学习，专心于学习雕镂刻画，想让中华文明的器用物品呈现焕然一新的面貌。因此鲁班仙师曾经对人说："不以规而成圆，不以矩而成方，这本是天地间自然而然的现象。作规以画圆，作矩以画方，实际上是人的思想与器官对自然现象的模拟能力的反映。我的聪明智慧，虽然足以做到制作器物精妙传神，但又怎能让天下万世的工匠都能领会这种制作精神并像我一样聪明手巧呢？如果他们的聪明智慧不及我，那么我的聪明智慧无以为继，我的技艺也终将会穷尽失传。所以，我在极尽眼力观察后，又制作使用规、矩、准、绳等工具，使官府和私人建造宫室房屋、制作船车和器用时有法可循。我所创制的这些工具和方法，为前人曾使用过的大概不超过一成，且经过普遍的实践试验证明是行之有效的。"

　　像仙师这样能够针对各种不同物体的情况从形制到神韵都制作得极尽精妙传神者，怎能不出色和伟大呢！他的贤妻云氏，同样也被上天授予了神奇巧妙的技能，虽已难以具体

图文新解 鲁班经 建筑营造与家具器用

列举究竟哪些器物是由她亲自制作的了，但她在家中帮助校试和改进制作上自是大有裨益于仙师的，这样内外协助，使先师能享有永垂不朽的盛名。到四十岁那年年末，鲁班仙师又隐居在历山，最终遇到异人传授秘籍，从此云游天下，后来在白昼飞升天界成仙，仅把斧锯留在了白鹿仙岩之上，至今这个古迹还能清晰地看到。

先前，战国时鲁班仙师被视为大义士，被赠送"永成待诏义士"的称号。三年后，陈侯加赠他"智惠法师"的称号。历经汉、唐、宋等朝代，仙师还能够显示踪迹帮助国家，多次获得封号。在明朝永乐年间，开始大规模营建北京都城的宫殿，朝廷役使数万工匠，人们无不感到震惊害怕，幸亏依靠仙师指导，才能建成。于是建造庙宇祭祀仙师，匾额题名为"鲁班门"，封仙师为"待诏辅国太师北成侯"，每年春秋两次祭祀，用太牢之礼。如今的工匠凡是有事向他祈求祷告，无不随拜随应，因此人们虔诚地悬挂他的画像以供后世永久瞻仰敬慕。

 延伸阅读

### 鲁班的传说

鲁班是我国古代杰出工匠的代表，有关他的故事世代广为流传，并被赋予了神话传奇色彩，在我国民间具有深远的影响。

鲁班的原型是春秋末期至战国初期的鲁国人公输班，因古音相同通用，班字又作槃、盤（盘），又称公输子，因出生于鲁国，民间就常称他为鲁班。按照《鲁班经》的记载，鲁班曾求学于子夏门人端木起，并一度周游列国，意图游说各国君侯遵从周代礼制而不成，后来潜心学习木工技艺，很快成为极负盛名的能工巧匠。但从《鲁班经·鲁班仙师源流》所记其生年来看，鲁班似与子夏年龄相仿，其早年的求学经历是否如《鲁班经》所述，应存疑问。

由于鲁班善于土木建筑，尤其擅长木工，并发明改进了许多器械工具，因此被后世建筑和木工行业尊奉为"祖师"。鲁班的发明创造很多，相传，锯、刨、砧、量斗、曲尺等木工工具以及撞车、车辇、石磨、门轴、雨伞等，都是鲁班发明或改进的。传说鲁班在外出时被草齿割伤皮肤，鲁班从中受到启发，仿照草齿发明了锯，用以伐木和割解木料，大大提高了工作效率。《墨子·鲁问篇》描绘了鲁班神奇的技艺："公

输子削木为鹊，成而飞之，三日不下"，是说鲁班所制作的木飞鸟能够借助风力在空中飞行，连续三天都不降落。此外，《墨子》一书中还记载有鲁班曾为楚王做攻城器械"云梯"（可以攀越城墙的高梯）和舟战武器 "钩拒"（可以钩住或抵阻敌船的长柄金属钩），并以之与墨子攻守斗法的故事。实际上，有不少手工业特别是木工行业的发明创造，其具体发明者并不清楚，或者是劳动人民集体智慧的结晶，却都被后人归功于鲁班。如云梯、钩拒都可能早已有之，湖北黄陂区盘龙城商代前期的墓葬中和河南安阳市商代后期的殷墟遗址都出土有青铜制作的锯子。当然，即便不是鲁班最早发明，但他对这些工具器械曾作过改进，使其更为成熟进步，方便使用和提高效率，这也是很有可能的。

湖北黄陂区盘龙城商代前期墓葬出土的青铜锯

据说在鲁班逝世后，人们便在其故居建庙祭祀，后经历代发展，民间对鲁班的纪念活动也不断隆盛丰富。后世以每年的农历六月十三作为鲁班的生日，这一天也逐渐发展成为"鲁班节"。明清时期全国不少地方都建有鲁班庙，一些地方的工匠们还多自行供奉鲁班的画像和牌位，以表达对这位伟大工匠的崇敬和祈请在行业祖师的福佑下手艺精进、工程顺利。鲁班的传说及信仰延续至今，是中华民族崇尚智慧和勤劳的一种体现，也成为一项独特的民俗历史文化遗产。

需要说明的是，《鲁班经》是逐渐成书于明代中后期、主要流行于我国南方地区的一部民间建筑图书，托名"鲁班经"，其实与鲁班没有任何关系，是当时及以前民间匠人建筑营造技术和经验的汇编总结。

# 起 工 架 马 [1]

凡匠人兴工，须用按祖[2] 留下格式[3]。将木长[4] 先放在吉方，然后将后步柱[5] 安放马上，起看俱用翻锄向内动作[6]。今有晚学木匠则先将栋柱[7]用正，则不按鲁班之法。后步柱先起手者，则先后方且有前，先就低而后高，自下而至上，此为依祖式也。凡造宅用，深浅阔狭高低相等[8]，尺寸合格，方可为之也。

1. **架马**：截锯木料时在木料底下要支三角架，此在明代称为马、马上。"架马"为动词，也用为名词，清称码、架码，江南称上三脚马。因为这标志着建筑营造活动的正式开始，故对其安置的方位、施工的先后顺序极为重视，有一定的程序。

2. **祖**：先辈，先代，这里指祖师鲁班。

3. **格式**：标准和样式。

4. **木长**：或认为"木长"当为"木马"之误，木马即木马架。但长、马二字字形相差较大，似不应致误。所以，这里的"木长"应是指木材的纵长方向，意即将木材的纵长方向对着合适的位置，以待上马锯解加工。当然，解释为将木马安放在合适的位置也可以。无论如何，此是民间建筑营造活动中体现的择吉避凶的迷信内容，不必理会。

5. **步柱**：即檐柱，是处于两坡顶建筑前后檐下最外的一排柱子，上承檐檩，明清江南又称廊柱。后步柱就是后檐柱。四坡顶建筑则还有左右檐柱。柱位名称参见下文延伸阅读部分"中国古代房屋建筑的间架结构"之插图"中国古代房屋建筑的开间划分和柱位名称示意图"。

6. **起看俱用翻锄向内动作**：是指将粗木料置于马上后，首先要来回翻动审视，然后根据需要选择确定合适的部位放线，进行锯解制作。翻锄是一种类似于农具锄的曲颈工具，可以之钩住粗重的木材来回翻动，以便加工。

7. **栋柱**：栋为屋顶最上、最高处的脊檩，栋柱就是上承脊檩的柱子，也称脊柱。

8. **深浅阔狭高低相等**：深浅，指房屋的进深大小，宋称间深，清称进深、入深，明代称进深、深浅、深。阔狭，指房屋的开间面宽大小，宋称间广，清称面阔，江南称开间，明又称广、阔、间阔等。如果言"屋阔"或"屋阔狭"，则相当于清所称的通面阔、总面阔，江南称共开间。相等，与之相符、相适应之意。此句意思为：制作柱子等房屋用材，要根据房屋的面宽、进深、高低，选择确定合适的木材。

## 译 文

　　凡是工匠开始动工架马，必须按照先祖鲁班留传下来的标准和样式。将架马先放在合适的方位，然后将后檐柱的木料放在架马上，首先要来回翻动审视，然后根据需要选择确定合适的部位放线，进行解锯制作。如今有初学木工的工匠，在架马裁割木料时，先将栋柱安放摆正，而不按照鲁班的方法。之所以先从后檐柱动手，是按照先后再前、先低后高、自下而上的合理顺序，这是依照鲁班的方法。凡是建造房宅，制作柱子等房屋用材，要根据房屋的面宽、进深、高低大小，选择确定合适的木材，尺寸合乎规格，才可以制作。

当代画家高志刚《黎山贡木图》之锯木图（图中被锯解的木料下架有"木马"）

## 定磉 [1] 扇架 [2]

　　按：此段讲定磉扇架应选取的吉日和忌讳的日子，皆为迷信内容，不具录，了解定磉、扇架含义即可。

1. **定磉**：磉是柱下石础，也称磉盘、柱础，民间俗称磉子，定磉即为确定和安置柱础之意。

2. **扇架**：扇，似与闽南方言中的"搧"字相通，具有修理、调整的含义，扇架是指在正式建造之前在实地按图纸设计方案对构架进行核校摆样及试装调整工作，宋代称展拽，清代称草架摆验，江南地区称拼装。

# 断 水 平 法

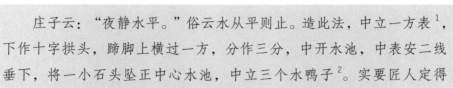

庄子云："夜静水平。"俗云水从平则止。造此法，中立一方表[1]，下作十字拱头，蹄脚上横过一方，分作三分，中开水池，中表安二线垂下，将一小石头坠正中心水池，中立三个水鸭子[2]。实要匠人定得木头端正，压尺十字不可分毫走失。若依此例，无不平正也。

1. **方表**：定平仪。
2. **水鸭子**：定平仪中的部件，为一小木块，浮于水槽中，用于判断和测量水平，宋称浮子、浮木，清也称水鸭子。

## 译 文

庄子说："夜里安静，水面平静。"俗话说，水待在平面时就静止。决定水平的方法为：在中间置立一个方表，在方表的下面做一个十字拱头，蹄脚上横放一根方木，把方木分作三部分。在方木的中间部分开凿水池，让方表的位置在水池中心，然后在处于中间的方表上栓两根垂线，将一块小石头坠向中心的

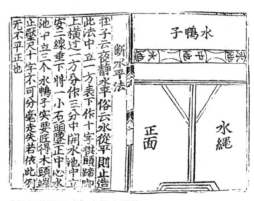

《鲁般营造正式》中的水平仪

水池，在水池中放置三个用于辅助测量的"水鸭子"。工匠一定要把木头定端正，测量时十字压尺不可以有一分一毫的偏差。如果依照这一方法，没有不定得水平端正的。

 延伸阅读

### 古代的水平仪

定平测量是建筑施工中一项基础的测量内容。我国在先秦时期便已注意到可以利

用静止的水面作为基准来进行定平测量，并做出了简易的测量工具。大约成书于春秋晚期或战国初期的《周礼·考工记·匠人》载："匠人建国，水地以县，置槷以县，眡以景……以正朝夕。"国就是城，为王国、封国都城；县，"悬"之本字；槷，通"臬"，古时测日影的标杆；眡，古"视"字；景，"影"之本字。这段话的意思是，匠人建造城池，先用水平仪测地平，立观测日影的标杆，悬绳使垂直，通过观测日影和星宿方位来定建筑的中心和基线方向。当然，其时的水平仪大概比较简易，或可能就是一个盛水的容器，唐代贾公彦《周礼注疏》称之为"水平之法"。记录较早的成熟水平仪，是唐代李筌所著《太白阴经》中记录的"水平"，北宋的官修军事著作《武经总要》和建筑著作《营造法式》中也都记有"水平"并有附图，原理和构造与《鲁般营造正式》中记载的"断水平法"相似（《鲁班经》照录了《鲁般营造正式》的"断水平法"文字内容而没有配图），其方法为用立柱支撑凿有水池和水槽的横木，水池中置有浮木，利用水的浮力使浮木上浮，当水面静止时三块浮木上端所连接的直线便呈水平，观测者利用这条水平线来观察远处的目标，便可以实现水平的核对与测量。为了便于观测，《太白阴经》和《武经总要》中的水平还配备有"照板"，按照刻度制成黑白两色，分界线作为观测标志使用。古代水准仪的构造和原理虽然简单，但反映了当时人们对相关物理知识已有相当的认识和利用。

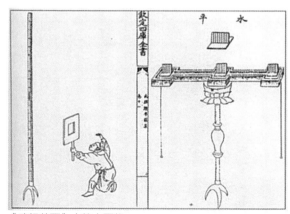

《武经总要》中的水平仪

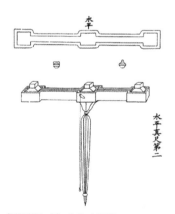

《营造法式》中的水平仪

# 画起屋样

木匠按式，用精纸一幅画地盘[1]阔狭深浅，分下间架[2]，或三架、五架、七架、九架、十二架，则王主人之意[3]。或柱柱落地[4]，或偷柱[5]，及梁枡[6]，使过步梁[7]、眉梁[8]、眉枋[9]，或使斗礤[10]者，皆在地盘上停当。

1. **地盘**：为沿用宋式名称，相当于今日所称的"建筑平面图"，清式称地图、平面，清代江南地区称地面图，明代称地盘图或地图。

2. **分下间架**：间架，指分间梁架，详参延伸阅读部分"中国古代房屋建筑的间架结构"。分下，划分好、定好、定下之义，这里是指画定建筑的侧剖面结构图样。

3. **或三架、五架、七架、九架、十二架，则王主人之意**："王"字当为"由"字之误。此是指根据主人的意愿要求，来选择房屋构架形式。三架、五架、七架、九架、十二架者，详见延伸阅读部分"中国古代房屋建筑的间架结构"。

4. **柱柱落地**：指流行于南方民间的穿斗式构架。详见延伸阅读部分"中国古房屋建筑的间架结构"。

5. **偷柱**：相对"柱柱落地"而言，所谓偷柱是指有的柱子不落地，而是落脚于其他梁架之上。所谓偷柱就是指相对于穿斗式构架而言的抬梁式构架者，实际不仅如此，详见延伸阅读部分"中国古代房屋建筑的间架结构"。

6. **梁枡**：此处"枡"应是"拼"之异写。梁拼，又叫拼梁，也就是拼合梁。在建筑规模较大、梁造断面达不到标准要求时，就使用拼合梁，有二拼、三拼、包镶及双层拼合等几种，清式统称为"包镶拼接"。在具体做法上，二拼者，一般用同样大小的两根木料拼合成一根梁，内以榫卯连接，外用铁箍加固；三拼者，用三块木料拼合，一般

双层拼合梁

中间一块木料较大，两边帮上较薄而同高的料；包镶梁，当中用一根较大的料，四周用数块较小的木料包镶而成；双层拼合梁，由左右分别二拼或三拼的木料再上下拼合起来，也可称之为四拼、五拼。

7. 过步梁：跨两檩以上的梁。详见延伸阅读部分"中国古代房屋建筑的间架结构"。

8. 眉梁：用于廊步的梁，清式称抱（头）梁（有斗栱建筑，以之充当柱头斗栱的耍头木，称为挑尖梁，出头称为挑尖梁头）。如廊宽两步，则使用上下两道，为上眉梁、下眉梁，分别相当于清式之单步梁、双步梁。详见延伸阅读部分"中国古代房屋建筑的间架结构"。

9. 眉枋：用于眉梁之下的枋木，也叫步枋，相当于清式抱头梁之下的穿插枋或挑尖梁下的挑尖随梁枋。

10. 斗磉：磉，本指埋于立柱之下的础石，南方建筑的一些做法中，在骑童柱（童柱）下部设有斗状的平盘，平盘再置于梁上，是连接童柱与梁的构件，因其形似立柱下端的"磉"，故被称为斗磉。这里可能是梁架中类似的搭接构件之泛称。

## 译 文

　　木匠按照样式，用一幅精细的图纸安排好房屋的宽窄深浅，分别划定间架结构，选取三架、五架、七架、九架、十二架，这根据盖房主人的意愿来决定。是用柱柱落地，还是用偷柱形式，包括梁造是用单木梁还是拼合梁，以及应该用过步梁、眉梁、眉枋或斗磉之处，都需要在图纸上安排绘制妥当。

延伸阅读

### 中国古代房屋建筑的间架结构

　　中国古代单体房屋建筑，举凡宫殿、庙宇、宅第等，平面以长方形者最为普遍。前后长边为面阔或面宽（纵向），两侧短边为进深（横向）。而中国古代房屋建筑以木构架为主要框架和承重结构部分，是构成建筑空间和体量的关键因素，其基本构架形式是：在地面台基上沿房屋进深方向前后立二柱（一般为圆木），柱上架横木叫梁（一般为矩形断面。宋式称栿），梁上两端向内退进一定距离（一步架）立短柱（清式谓之瓜柱或柁墩，高度大于或等于直径叫瓜柱，高度小于直径叫柁墩），短柱头上再架横梁，梁上两端再退一步立短柱……如此逐层叠架多道横梁，逐架升高缩短，直至最上一架横梁上中间立瓜柱以承脊（此瓜柱称为脊瓜柱），如此就形成进深方向的一排梁架。左右相邻平行的这样两排梁架，就构成建筑的一"间"或一个"开间"。根据

房屋规模的大小需要，梁架可以左右平行设置多排，也就构成房屋的多个开间。中国古代房屋，一般取奇数开间。三开间者，居中的一间叫"明间"（宋式称当心间，明清江南称中间、正间或当心间），明间两旁的叫"次间"；五开间者，于次间之外称"梢间"；七开间者，于梢间之外称"尽间"；九开间以上则增加次间的数量，即有"第一次间""第二次间"……一般九开间已是头等大殿，等级至高者如故宫太和殿，为十一开间，其左右就各有三个次间（宋式中最大规模的殿堂加上周围廊可达十三间）。由于"梢"和"尽"的意思相近，所以实际使用习惯上"梢间"与"尽间"也常通用，即都可指建筑两端的开间，而其与明间之间的开间都可称为次间。上述进深方向的每一排梁架称为"一榀"或"一缝"梁架。每相邻两缝梁架的梁端以及最上的脊瓜柱上，顺开间方向架设横木称为"檩"（断面圆形。清大式建筑称"桁"），檩上与檩垂直密集钉放"椽子"（圆木，直径较檩木细小，檩间距一般为一椽径），椽上铺钉木板称"望板"（可横铺或竖铺），构成屋面的木基层部分。望板之上铺一层"苫背"（掺以草或麻的泥灰层），苫背之上铺瓦，构成屋顶，柱间设门窗或砌墙，这样一座房屋建筑就形成了。而梁架或构架主要是指房屋建筑的承重结构部分，即柱、梁、檩等。落地立柱属于下架，柱以上部分属于上架。一般所谓梁架或屋架，或单指上架而言，或统指上下架在内而言。

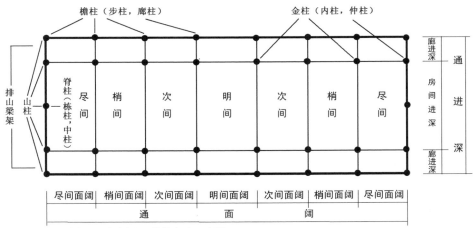

中国古代房屋建筑的开间划分和柱位名称示意图

中国古代房屋建筑，在平面上的度量单位就用"间"数多少来表示，在立面上的规模以及房间进深的大小就用"架"数多少来表示。所谓架数，指的是梁架之上的檩的数目，共有多少道檩木，这个房屋就叫多少架屋（房），如《鲁班经》文所谓三架、五架、七架、九架者，清式一般直接用檩数来表示，即称为三檩、五檩、七檩、九檩房屋等。而宋式则是以檩（宋式称为"榑"）上共铺设几段椽子的数目来表示，每两檩间铺一段椽称"一架椽"，因之清式三檩、五檩、七檩、九檩房屋在宋式就称为二架椽屋、四架椽屋、六架椽屋、八架椽屋等。明清江南地区的架数之称，是沿用宋式之名，反映了宋室南迁以后包括建筑的做法、名称等在江南地区多有沿袭传统的情形。构架中各层梁的名称也按其上的檩数，如三架梁、五架梁、七架梁、九架梁者，即其上分别共有三、五、七、九道檩木者。檩数（架数）多的房屋，其进深空间的跨度必然就大。一般而言，使用九架梁的已经是高等级的房屋建筑，使用十一架梁者极为罕见，特别是封建社会后期因巨木长材的缺乏以及廊屋结构的需要，高等级房屋建筑虽然"架数"（檩数）可以多至九架、十一架乃至十三架，但底架大梁往往不采用前后通檐做法。

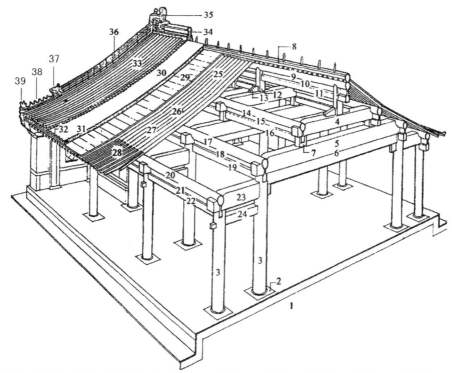

1. 台基　2. 柱础　3. 柱　4. 三架梁　5. 五架梁　6. 随梁枋　7. 瓜柱　8. 扶脊木　9. 脊檩　10. 脊垫板　11. 脊枋　12. 脊瓜柱　13. 角背　14. 上金檩　15. 上金垫板　16. 上金枋　17. 老檐檩　18. 老檐垫板　19. 老檐枋　20. 檐檩　21. 檐垫板　22. 檐枋　23. 抱头梁　24. 穿插枋　25. 脑椽　26. 花架椽　27. 檐椽　28. 飞椽　29. 望板　30. 苫背　31. 连檐　32. 瓦口　33. 筒板瓦　34. 正脊　35. 吻兽　36. 垂脊　37. 垂兽　38. 走兽　39. 仙人
抬梁式构架透视图（清式七檩硬山前后廊）

如故宫太和殿，共有十三道檩（不计前后檐下以斗栱挑出的挑檐檩），而底架大梁却只用七架梁，前后檐则续用步梁。步，是指相邻两檩间的水平距离（以檩到檩中线计），称为一个步架或一步。

一般房屋，以最高处脊檩所在的建筑纵中线分为对称的前后檐，里缝梁架一般采用跨前后檐柱的通梁，无论三架、五架、七架、九架梁者，都可统称为抬梁、过梁、正梁或大梁。但于两山的边缝梁架（房屋建筑的左右两侧称为两山，这是因为两端前后屋顶的斜坡夹角以内这一部分，很像古体的山字，故称。前后斜坡以内的三角形部分，常称为"山尖"或"山花"。两山梁架也叫排山梁架）则往往采用一根中柱（位于建筑纵中线上的柱子上承脊檩（故又叫脊柱、栋柱，同

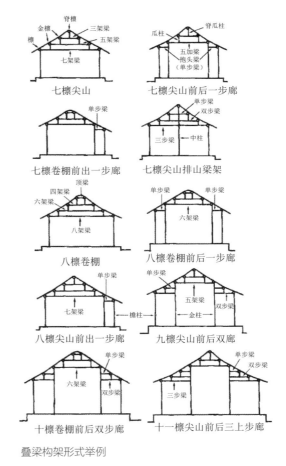

叠梁构架形式举例

时也是山柱。位于排山梁架中的柱子叫山柱或排山柱），这样就相当于把两山的通梁前后"一分为二"了（实际做法是梁向内的两端分别插入中柱身），这样排山梁架上的梁就再不是一根完整的梁，视其位置和长度而分别称为单步梁（跨两檩一步）、双步梁（跨三檩两步）、三步梁（跨四檩三步）、四步梁（跨五檩四步）等，统称为步梁或过步梁（有时也仅将单步梁简称步梁，双步梁以上称过步梁）。另外，前后出廊的建筑，其廊上梁架也是不完整的"半片"结构，即也以步梁架构，视廊宽大小有单步、双步、三步、四步梁之分，梁之里端都插入金柱（宋式称内柱，明代又称仲柱）身。于进深中间设门的房屋式门座建筑，往往设一排中柱，也是这种梁架结构形式，即它的各缝梁架都是类似于排山梁架的形式。

以上所述房屋建筑的构架形式，其在最上有一道脊檩，屋顶前后两坡交于此处作为正脊，这样的屋顶称为尖山顶、正脊顶或大屋脊顶。与此相对，还有一种圆山顶或卷棚顶，其最上是两道平行的脊檩，其下承托这两道脊檩的梁叫作顶梁或月梁，两道脊檩上要使用的弓弧形椽子称为顶椽或罗锅椽、蝼蝈椽等，相应地将此上屋顶前后坡处理为弓弧曲面形式，其可视为没有正脊或者叫圆脊、元宝脊、罗锅脊、过垄脊等。卷棚顶建筑一般不用于正规庄重的殿式建筑，而广泛应用于园林和南方民间建筑中。如非单出前廊或后廊的形式，尖山顶的檩（架）数，无论多少架，都为奇数，一般九檩、十一檩（架）已属头等构架，等级至高者如故宫太和殿可达十三檩（架）（不计挑檐檩）；卷棚顶的檩（架）数则为偶数。《鲁班经》此处所谓"十二架"者，应是指卷棚顶。

以上所述为官式抬梁构架的做法（又称叠梁式、梁柱式、过梁式构架）。而南方民间多用穿斗式构架（穿斗，又作穿逗、串逗等），其特点是不用梁，以柱子直接承檩，柱间上下用"枋子"穿连（枋是用于梁、檩之下加强柱间联系以为稳固的矩形板材。穿斗架中，联系进深方向柱间的叫"穿枋"，联系开间方向柱间的叫"斗枋"），所以谓之"柱柱落地"。穿斗架的穿枋使用层数视屋架大小而定，有穿连全部柱子的，也有只穿连部分柱子的。柱间距（即步距）相对较小，一般只及抬梁架的一半，所用檩材、柱材以及枋材也都比抬梁架细薄，其优点在于简便易行、经济实惠而又结构坚固，主要流行于我国南方民间，与流行于北方的抬梁架并为中国古代木结构建筑的两大构架类型。

相对于穿斗构架的"柱柱落地"形式，抬梁构架就可称为"偷柱"形式，即是指抬梁架中有的支承梁檩的柱子是不落地的（直解就是把落地柱从下边减去、偷去）。不落地的柱子叫"童柱"，"童"既有小、少、部分、不成熟、不完整的意思，与"偷"也是一音之转，宋式叫侏儒柱、蜀柱，清式叫瓜柱（清式中也把多层建筑的上檐柱叫童柱，也是因为其柱脚并不落于地面），江南叫童柱。但是，这里所谓"偷柱"又并不仅是指抬梁架形式。在宋式中有所谓"减柱造"做法，是指出于像设等的需要而扩大室内空间时，在规则柱网原本应有立柱的某些地方而不设柱，亦即是把应该有的某些柱子减掉、偷去了，当然也可谓之"偷柱造"。明清时官式建筑这种规则柱网基础上的减柱做法已基本没有，但于江南地区仍有所见。更主要的是，明清南方的穿斗架，其上下数层穿枋与柱的配列组合形式有多种。最典型规矩的做法，就是"柱柱落地"（也称"千柱落地"），每柱支一檩，在三檩三柱用一穿的基础上

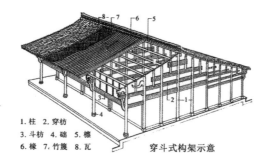

1.柱　2.穿枋
3.斗枋　4.础　5.檩
6.椽　7.竹篾　8.瓦

穿斗式构架示意

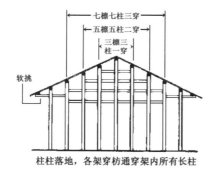

柱柱落地，各架穿枋通穿架内所有长柱

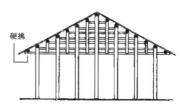

最下一根穿枋通穿架内所有长柱，
所有瓜柱叉立于最下穿枋之上，
其上各架穿枋通穿架内所有瓜柱

各架穿枋通穿架内所有长柱，瓜柱
均只被一枋穿过而叉立于下枋之上

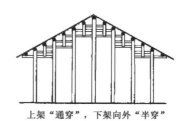

上架"通穿"，下架向外"半穿"

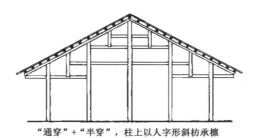

"通穿"+"半穿"，柱上以人字形斜枋承檩

穿斗构架及其柱穿配置方式

（这根穿枋穿过中柱而两端插于前后柱上，所以它对中柱来说是"通穿"，对前后两柱来说实际算是联系柱间的"插枋"），每增两檩两柱则增一穿，即成五檩五柱两穿、七檩七柱三穿、九檩九柱四穿、十一檩十一柱五穿等，从下而上，每道穿枋都前后插于相应檩架下的柱身，而向内穿过其他所有柱子（挑檐枋除外。挑檐枋简称挑枋，有直接以穿枋穿出檐柱挑檐的——称为"硬挑"；也有另设的，外端穿出檐柱挑檐，后尾插入内柱或是压在穿枋之下——称为"软挑"）。此外，还有用落地长柱与不落地的瓜柱（即偷柱）相间使用的，无论是穿枋向内穿过所有长柱与瓜柱而全部瓜柱都叉立于最下一道穿枋之上的形式（这样瓜柱是从外向内逐根增高的），还是瓜柱依架次叉立于下枋之上而均只被一枋穿过的形式（这样全部瓜柱长度是相等的），又或是通穿与半穿结合的形式（上架部分采用通穿，下架部分采用短枋向外半面穿插，呈依次叠落的形式），都是典型穿斗架的简化做法。还有一种穿斗架的改进做法（如福州附近和广西南靖地区所见），在柱上檩下增设两根斜梁或斜枋，所有的檩子都落于此人字形的斜梁枋上而不直接落于柱头上，从而构成一种稳定的三角形屋架，这样更可以减少立柱并自由安排檩数、檩距。这些都是穿斗架中的"偷柱"做法。所以，有人将《鲁班经》所谓"偷柱"解释为江南地区对抬梁架的指称，是不恰当的。

# 定盘真尺 [1]

　　凡创造屋宇，先须用坦平地基，然后随大小阔狭安磉平正。平者，稳也。次用一件木料，长一丈四五尺有爵 [2]，长短有人 [3]，用大四寸，厚二寸。中立表 [4]，长短在四五尺内实用，压 [5] 曲尺端正两边，安八字 [6]。射 [7] 中心，上系一线，重下 [8] 吊石坠，则为平正直也，有实据可验。

　　诗曰：

　　　　世间万物得其平，全仗权衡及准绳。

　　　　创造先量基阔狭，均分内外两相停 [9]。

　　　　石磉切须安得正，地盘先宜镇中心。

　　　　定将真尺分平正，良匠当依此法真。

1. **定盘真尺**：测量用尺名，用于测量地基水平，《鲁般营造正式》插图作"地盘真尺"。

2. **嚳**：此字不详，《绘图鲁班经》作"零"，明《新刻天下四民便览三台万用正宗》卷三十四有相同行文，唯嚳字作"短"。再结合下文"长短由人"之语，则此字的意思可能是表示约数，大体相当于我们日常所说的"一尺来长""十来米""一百来人""三斤来的"等中的"来"字，或是"一米左右""三斤上下"之类的表达方式，表示在基本数字的上下有波动，可以略少于或多于这个数。此处经文"一丈四五尺"，本身就是个约数，后缀此字，则表示可以略少于一丈四尺，也可略大于一丈五尺，或是在一丈四、五尺之间。

3. **长短有人**：即长短由人，意为根据使用者个人的高矮以及使用方便和习惯等情况而定具体长短。

4. **表**：垂直而立的标尺或标竿。

5. **压**：压紧、贴实，这里是指立表和横木要与曲尺的两边紧贴无隙。

6. **安八字**：安八字形的支架。真尺在使用时，要在平置的木料或木尺中心立竖直的表，为了使立表稳固，需在其两侧辅以对称斜木进行支撑，此两根斜撑构成"八字形"，并与底下横木钉合成一个稳定的三角形框架结构。

7. **射**：对准、朝向。

8. **重下**：重，重叠，沿着。重下是指向下吊石坠时，令垂线与立表重合，以确定其与平置的木料垂直。

9. **停**：停当，妥贴，妥当。

　　按：此段文中关于定盘真尺的记述较难理解，可与宋《营造法式》卷三"壕寨制度·定平"中对"水平真尺"的记载相对照："凡定柱础取平，（在用水平定平之后）须更用真尺较之。其真尺长一丈八尺，广四寸，厚二寸五分。当心上立表，高四尺（李诚注：广厚同上）。于立表当心，自上至下施墨线一道，垂绳坠下，令绳对墨线心，则其下地面自平（李诚注：其真尺身上平处，与立表上墨线两边，亦用曲尺较令方正）。"据其描述，"真尺"是与"水平"配合使用的，真尺可以在以"水平"初测后进一步校正定平，其基本结构和用法是：在一根长一丈八尺的木尺中间竖立一垂直的表木，在此立表面上取中从上向下画出一道竖直的墨线，将重垂线坠下，使垂线与墨线重合，则下面水平放置的尺所在的平面即为水平。《鲁班经》中"定盘真尺"的构造和用法，与《营造法式》中的"水平真尺"基本相同，实为同一种水平测量仪器，只似是将《营造法式》"真尺"中水平放置的"木尺"以没有刻度的"木料"代替，长度亦略短而不固定。《鲁班经》为民间建筑书，以"木料"替代"木尺"，反映了民间制作以简便易行为要，实用即可。

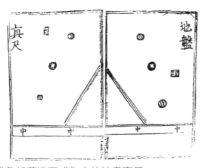
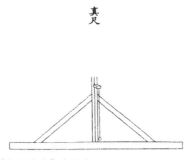

《鲁般营造正式》中的地盘真尺　　　　《营造法式》中的真尺

## 译 文

凡是创建房屋，首先须将地基修整平坦，然后依据地基面积的大小宽窄把顶柱石放平。追求平坦，是为了稳固。然后用一根长一丈四五尺左右的木料，具体长度随使用者的情况而定，其宽四寸、厚两寸。在木料中间设立垂直的表木，其长短在四五尺间较为实用，以曲尺校正定直，使立木与横木分别紧贴曲尺的两边，这样就可使立木与横木垂直，然后在表木两侧安装八字形短木进行固定。在立表上端对准木料中心的位置系上一根线，下吊一个石坠，调整立表角度使之与垂线重合，这样就水平、端正和竖直了。这是有实例可以验证的。

有诗句这样说："世间万物得其平，全仗权衡及准绳。创造先量基阔狭，均分内外两相停。石礩切须安得正，地盘先宜镇中心。定将真尺分平正，良匠当依此法真。"

延伸阅读

### 铅垂线

铅垂线是木匠、石匠和建筑工人的常用工具，其主要作用是用来建立和校验垂直。它的构造十分简单，主要是一根直线和附加于直线末端的一块重物。在使用时，先将直线上端固定于一处，使下端悬空，等重物静止不动时，直线所在的方向即与水准面垂直。这一现象主要是利用了物体重力垂直向下的原理，因此，在测量时与线的长短和所悬重物的大小无关，应用起来十分方便。

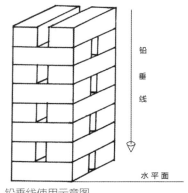

铅垂线使用示意图

### 关于中国古代的尺度度量

营建房屋、丈量土地、制造衣服器皿等，都离不开长度测量。最早的尺度单位是由人体部位发展出来的，如脚步、脚掌、手臂、手掌、手指，都曾作为人们日常生活中测量长度的单位。所谓"古以身为度，故按指知寸，布手知尺，舒臂为寻"（以身为度，就是按人体四肢活动的尺度为长度标准。按手指度量知寸，张开手掌度量可知尺，平展两臂的长度就为寻。按《说文》释"夫"谓"周制以八寸为尺，十尺为丈，人长八尺，故曰丈夫。"汉代男人平均身长八尺，等于周制一丈，所以称丈夫。人的两臂平伸等于身高八尺称"寻"，倍"寻"为一丈六尺称为"常"。"步"，跨两足为一步，等于六尺，跨一足为半步称"跬"为三尺），有些至今仍为民间所用，最常用的就是"步"。事实上，尺、寸、咫、仞、寻这些古代表示长度的单位，都是和人体部位有关的象形字或会意字（无独有偶，英文"foot"，既是"尺"也是"脚"的意思，西方人最初一尺的概念就是脚掌的长度）。而对较长距离的度量，最初莫过于以人行走所迈的步长来测量最为方便，用步数来表示两个地点间的距离，就是步量。在《山海经》《诗经》等我国先秦文献中就记有不少关于远古时代"步量天地"的神话传说，其中尤以竖亥以步探测乾坤大地的传说最为神奇。竖亥是尧舜时代一个善于行走的大神，他的步子很大，并且善于计算，因而被舜帝所重用，让他测量疆域。竖亥用步数来计量所测的距离，据说经过他的步量，算出自东极至西极的距离为五亿十万九千八百步。这些神话传说，反映出我国古代先民很早便利用步长来进行测量工作了。人们的身体尺度大小并不相同，以之度量的结果自然也因人而异。所以后来就以一个比较大众化的身体尺度规定为统一的长度标准，并将其复制到木棍、准绳上，就产生了最早的长度测量单位工具。我国进入夏朝时，就应该产生了这类工具。《史记》说大禹治水时"（禹）身为度，称以出"，说的就是以禹的身高和体重定出长度、重量单位。《周礼·考工记·匠人》言周代"室中度以几，堂上度以筵，宫中度以寻，野度以步，涂度以轨"，是说宫室道路等分别以几、筵、寻、步、轨为单位度量。其中"寻"是人展臂之长（等于身高），与"步"一样是从人体发展出来的尺度标准。后世仍然用到步量，不同时期长度规格或略有差异，如《鲁班经》中提到的"四尺五寸为一步"。但至今民间在对小范围的土地、道路等度量时，在不要求十分精确的情况下，常以直接迈步简易度量。步量，在我国古代历史上有着广泛的应用，也产生了深远的文化影响，乃至有"百步穿杨""五十步笑百步"这样的成语故事产生，而五十步、百步的准确长度是多少并不重要。

制定使用统一度量衡标准的，最早未必就是大禹或其部族，但因治水工程需要而由大禹在较大范围内统一实行则是无疑的，之后开启的夏王朝也一定将之推行至王朝疆域的范围内，以后的历代王朝也都颁行有统一的度量衡制，只是历代所定标准单位的绝对值不尽相同，并且由于度量对象的不同而存在着不同的尺度。历朝法定基本标准尺除"律尺"（据说是依据古代乐律之黄钟律的音频长度而定，故以为称，又称乐尺、黄钟尺）之外，还有帛布尺（又叫裁缝尺、裁衣尺或裁尺）、量地尺、营造尺等专门尺制，它们都源于律尺，本质上可算是基于标准尺的一种模数尺。

营造尺是应用于建筑营造以及车舆、家具、农具等制造的尺制。我国古代建筑和车舆家具均以木结构为主，以木工为最主要工种，所以又称木工尺或木尺，但凡瓦石土工、刻工等所用之尺均属之，通称工尺、营造尺。营造尺在历史上各个朝代都有，只是具体叫法和测量单位不一。自汉代以后，营造尺均为十寸尺，其长度绝对值虽有所差异但并不大，自宋以后固定为一尺合今 32 厘米，清康熙时由工部重新统一规定，称为工部营造尺。

鲁班被后世木工行业奉为祖师，所以木工尺亦即营造尺就被后世托为鲁班所创制，称鲁班尺、鲁班营造尺。但在唐宋风水学发展成熟后，鲁班尺便与风水学相结合，最主要的是融进了风水迷信内容，在民间工匠中广为使用，逐渐从营造尺中分离出来，成为另外一种独立的尺制，仍托为鲁班所制，主要用以确定建筑门窗尺寸，人们认为以此度量得到的门窗尺寸，可光宗耀祖，所以又称门光尺、门公尺。其制一尺合营造尺一尺四寸四分，分为八等份，每份为一寸共八寸，并刻有表示吉凶的八个大字，故又称"八字尺"，每个大字下面又标有详细区分具体吉凶的小字。明清以来民间一般所谓"鲁班尺"，是指门光尺，《鲁班经》即如此用例（《鲁班经》中正式名称为"鲁班真尺"，《鲁般营造正式》中称为"鲁班周尺"。真者，正也，或是相对曲尺而言；周，或为周代之意，鲁班乃东周时人，真、周二字亦一音之转）。而广义上的鲁班尺则还包括营造尺以及曲尺在内。曲尺，为木工等所使用的直角状测量尺具，结构为由一个纵向尺和一个横向尺构成 L 形，纵尺和横尺一般为 4∶3 的比例，横向边或两边刻有尺度，夹角为直角，故也称角尺、矩尺或矩，可以直接用来验证或量取直角以及直角两边的长度。曲尺使用的是营造尺标准，实即营造尺的一种特别的具体形制。鲁班尺长度，依《鲁班经》所记合营造尺一尺四寸四分推算，相当于今天的 46.08 厘米长。古代流传下来的鲁班尺并不多见，故宫博物院收藏有一把鲁班尺，长 46 厘米，与《鲁班经》记载的非常接近。目前国内流行的所谓鲁班尺主要有 50.4 厘米和 42.9 厘米两种长度，都应是不准确的。

　　《鲁班经》中还记载了以鲁班尺上八个吉凶大字为题的八首诗，是对这八个字与门的尺寸位置对应关系所体现的吉凶含义的具体解释说明。但在实际运用中，鲁班尺的八个字各有所宜。鲁班尺不仅是民间建筑安门的标准，同样也是皇家建筑安门的标准（清廷营造司制作有官式鲁班尺，《工部工程做法则例》开列有 124 种按鲁班尺裁定的门口尺寸）。此外，鲁班尺还可以用于室内家具、隔断等一切装修的布局设计及制作等各个方面。鲁班尺的度量，是封建迷信风水思想的反映，对我们现代人的居家住宅来说，门户、家具等的尺寸位置最根本的是要由人的活动需要和住宅的实际情况来决定，只要大小适中、舒适美观、方便实用就好，完全不必信从所谓的鲁班尺。

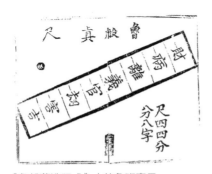

《鲁般营造正式》中的鲁班真尺

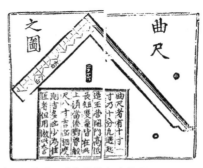

《鲁般营造正式》中的鲁班曲尺

# 三架屋¹ 后车² 三架法

造此小屋者，切不可高大。凡步柱只可高一丈零一寸，栋柱高一丈二尺一寸，段深³五尺六寸，间阔⁴一丈一尺一寸，次间⁵一丈零一寸，此法则相称也。

**1. 三架屋**：似清式三檩房。见前文延伸阅读部分"中国古代建筑的间架结构"。

**2. 车**：此处字义不明，或为"连"字之误，
与后文"五架后拖两架"之"拖"意义
相近同，为连接、接续的意思。屋架通
常都以脊檩为中心呈前后檐对称形式，
称为正架。如果房屋的前或后半部分需
要加大进深，从而呈前后不对称式梁架，
则以正架前或后"拖""连"多少架为称，
如在正架后增加一步柱成廊，则称后拖
（连）一架（或一步、一步柱、一柱步等）。

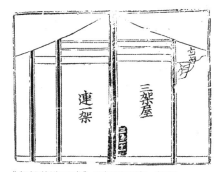

《鲁般营造正式》三架屋后连一架图

但三架屋是最小的屋架规格，其后连三架的可能性很小，实际中也很难见到。所
以，此处标题亦可能有误，或当作"三架屋后连一架"，似清式三檩房后出一步廊。
《新编鲁般营造正式》卷二中亦作"三架屋后车三架"，但卷三附图中未见有"三
架屋后车三架"图（或已失），而见有"三架屋后连一架"图，附此图供参考。
还有一种可能，此处"三架屋"与"后车三架"同是指房屋主体正架即正三架而言，
用一"后"字表明此三架屋有前出廊，文中所述是前廊之后房屋主体正架的做法
规格，"三架屋后车三架法"，意即"带有前廊的三架屋，其后面的正三架做法"。
房屋前出廊不能太深，否则影响采光。观《鲁班经》及《鲁般营造正式》附图，
所言"拖""连"者多是后出形式，而无见前出者，反映出前出廊于小型民宅确
实运用不多，如有前出廊者一般也就前连一架，尤其是像三架屋这样的小型房屋，
而较大型房屋至多也就连两架，除了大型殿宇外很少会有连三架者。所以，凡前
出者不必赘举，即可以此三架屋者为代表。

3. **段深**：两檩间的水平距离为一段，宋称一椽架，清称一步架或一步，明称一段。所谓段深，指的是每一段的长度，即进深。此三架屋，共有两段，每段进深为五尺六寸，其总（通）进深为一丈一尺二寸。后文五架、七架、九架屋者，其"段深"意皆如此。

4. **间阔**：即开间的面阔。下文既言"次间"，则此"间阔"必为明间面阔。一间的面阔或面宽，严格来说应以此间左右柱中线到中线的距离为度。

5. **次间**：房屋当中一间（明间）两旁的房间。参见前文延伸阅读部分"中国古代房屋建筑的间架结构"。

## 译 文

建造这样的小房屋，一定不可以过于高大。凡是步柱只可高一丈零一寸，栋柱高一丈二尺一寸，段深五尺六寸，明间宽一丈一尺一寸，次间宽一丈零一寸。这样的方法就是相称的。

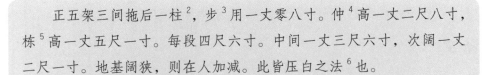

# 五架房子格 [1]

正五架三间拖后一柱 [2]，步 [3] 用一丈零八寸。仲 [4] 高一丈二尺八寸，栋 [5] 高一丈五尺一寸。每段四尺六寸。中间一丈三尺六寸，次阔一丈二尺一寸。地基阔狭，则在人加减。此皆压白之法 [6] 也。

1. **五架房子格**：似清式五檩房。"格"为规格、标准之义。

2. **正五架三间拖后一柱**：在正五架屋架后加一步柱，似清式六檩后步廊建筑（底架大梁为五架梁）。三间，指面阔三间。

3. **步**：步柱之省。以此建筑格式来看，当是指正五架后出的步柱，即后步柱。

4. **仲**：仲柱之省。仲柱为明代的叫法，也称金柱、襟柱、现柱，宋称内柱，清称金柱（指檐柱以里除脊柱外的柱子）。"仲"有第二、次的意思，从外往里，檐柱为第一排柱，仲柱就是第二排、次一排柱子。在正五架中，前后金柱各一根；正七架前后金柱可以各两根。或认为"仲"通"中"，但也只能将其释为里面的意思，中柱即内柱，而不能释为清式的中柱。因为清式名中柱者，是指位于建筑左右纵中线上承脊檩的柱子，亦即是栋柱，其在所有柱子中是最高的，而《鲁班经》此处言"仲高一丈二尺八寸"，不及"栋高一丈五尺一寸"，仲柱显然并非栋柱。详参前文延伸阅读部分"中国古代房屋建筑的间架结构"中插图"中国古代房屋建筑的开间划分和柱位名称示意图"。

5. **栋**：古建筑上最高正处的脊檩，清大式称脊桁，苏式称脊桁、栋梁（苏式称"栋"或"桁"者，是包括脊檩和金檩在内的），明代又称为栋梁、正梁。栋柱，就是支承脊檩的柱子，也叫脊柱。清式称两山位置上的柱子为山柱（也叫排山柱）。抬梁架房屋一般只在建筑两山位置的排山梁架中以落地柱承脊，这根柱子称为脊柱、中柱也可以，也属于山柱，也有专称为山柱而区别于其他排山柱的；而两山柱以里各缝梁架只以最上架梁上的脊瓜柱支承脊檩，即里缝梁架是不存在脊柱或栋柱的。《鲁班经》中所谓"栋柱"应即指此中柱或山柱。详参前文延伸阅读部分"中国古代房屋建筑的间架结构"中插图"中国古代房屋建筑的开间划分和柱位名称示意图"。

6. **压白之法**：即压白尺法。压白尺是我国古代民间广泛流行的用以推算建筑尺寸吉凶的又一种度量尺具，带有浓厚的迷信色彩。

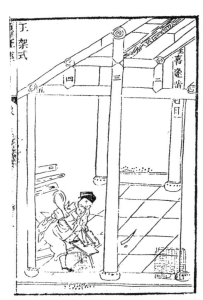

《鲁班经》五架式图

## 译 文

正五架三开间后面拖一架的房屋，步柱要用一丈零八寸高，仲柱高一丈二尺八寸，栋柱高一丈五尺一寸，每段进深四尺六寸，中间宽一丈三尺六寸，次间宽一丈二尺一寸。地基的宽窄，可以依据主人意愿来增加或减少。这都要符合"压白"的法则。

# 正七架 [1] 三间格

七架堂屋 [2]，大凡架造，合用前后柱 [3]，高一丈二尺六寸，栋高一丈零六寸 [4]。中间用阔一丈四尺三寸，次阔一丈三尺六寸。段四尺八寸。地基阔窄、高低、深浅，随人意加减则为之。

1. **正七架**：似为清式七檩正架。

2. **堂屋**：正屋。有时也指明间。

3. **合用前后柱**：前后柱，有人认为是指前后檐柱，似不正确，这里应是指前后内柱或是统指前后檐柱和内柱而言。凡房屋构架前后檐柱是必有、必用的，如果跨度过大，就需要续用过步梁，因而必然导致内柱的产生。尤其是对穿斗架来说，内柱的使用更是较多而常见的。所以，这里的"合用前后柱"，是指要用到前后内柱，或者是将前后檐柱与内柱结合使用的意思。合，既有应该、须之意，也有配合、结合之意。当然，七架屋也可以是前后通檐不用内柱的形式，这都视具体情况而定，所谓"合用"者也包含了这层意思。下附《鲁般营造正式》卷三中"七架之格"图以供参考。

4. **高一丈二尺六寸，栋高一丈零六寸**：如连贯上文，此一丈二尺六寸之高似是指前后柱高，但下文又言栋高仅一丈零六寸，低于前后柱之高，显然行不通。虽勉强可以将此"一丈二尺六寸"理解为房脊的总高（栋柱高加上扶脊木或再加平水高度）、"一丈零六寸"理解为栋高，但前文并没有这样的行文用例，而且此七架屋之栋高尚不及前文小规格的三架屋、五架屋之栋高（分别为栋柱高一丈二尺一寸、栋高一丈五尺一寸）。所以此处"栋高一丈零六寸"之数应有误，暂存疑。

## 译文

此七架正屋三间，间架建构，根据具体情况结合使用前后柱，高一丈二尺六寸，栋柱高一丈零六寸（此处尺寸数字暂存疑）。中间宽为一丈四尺三寸，次间宽一丈三尺六寸。每段进深四尺八寸。地基的宽窄、高低、深浅，依据主人的意愿增加或减少。

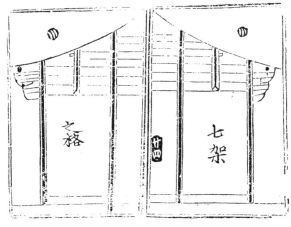

《鲁般营造正式》"七架之格"图

# 正九架¹ 五间堂屋格

凡造此屋，步柱用高一丈三尺六寸。栋柱，或地基广阔，宜一丈四尺八寸。段浅者四尺三寸，成十分深，高二丈二尺栋为妙²。

1. **正九架**：似为清式九檩正架。

2. 这段文字甚为难解。九架屋规格很高，如栋柱高为一丈四尺八寸，则其仅高出步柱一尺二寸，这样的房屋举高过低、屋面坡度极为和缓，并不符合实际，而且对于如此大规格的多层梁架来说也难以做到。结合下文"段浅者……高二丈二尺栋为妙"，此"一丈四尺八寸"可能为"二丈四尺八寸"之误。"段浅者四尺三寸，成十分深"，应理解为：至于段深浅仅四尺三寸的，房屋总进深也能达到很深（每段深四尺三寸，正九架共有八段，则通进深为三丈四尺四寸），则以栋高为

《鲁班经》九架式图

44

二丈二尺为适宜。

## 译文

　　凡是建造这样的房屋，步柱的高度采用一丈三尺六寸。栋柱的高度，如果地基宽广开阔，可用一丈四尺八寸（此处尺寸数据存疑）；段浅的话，如只有四尺三寸者，但房屋通进深也能达到非常深，以栋柱高二丈二尺为适宜。

# 秋 千 架 [1]

　　秋千架，今人偷栋枡 [2] 为之吉，人以如此造，其中创闲要坐起处 [3]，则可依此格尽好。

1. **秋千架**：一种房屋构架形式，即像秋千架式的屋架，清称甃门式，用双步梁而不立栋柱的一种梁架形式。在《鲁班经》中直接绘为一幅悬荡秋千架子图，如非特为形象示意，就是失于望文生义之误，今人有直解为秋千架子者，当误。《鲁般营造正式》卷三附有"秋千架"屋架图，今将其与《鲁班经》中的秋千架式图并附于下，以供参考。

《鲁班经》中的秋千架式图

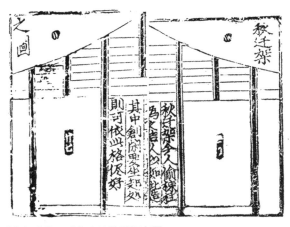

《鲁般营造正式》中的秋千架之图

2. 偷栋栟："偷栋栟"义不可解。《鲁般营造正式》"秋千架"屋架图中文字作"偷栋柱"。偷栋柱，即减去栋柱（脊柱）的构架。观《鲁般营造正式》此图，不光脊柱不落地亦即是瓜柱（童柱）形式，内柱两根，外一根亦使用不落地的瓜柱。所以，偷栋栟也可能是合称偷栋柱以及偷其他内柱的做法。这样的构架形式，就像秋千架一样两端有支柱而中空可挂坐板，故名秋千架式。

3. 创闲要坐起处：创，建立，制造，形成。闲，空闲，空地。要，需要。坐起处，自由起坐的地方。意即此处没有柱而可以自由摆设桌椅形成一个供起坐活动的空间，即所谓便厅。

## 译 文

　　秋千架，如今人们也以减去栋柱以及部分内柱的做法为宜，这样建造房屋，特别是需要在屋内中央形成一个便于起坐活动的空间时，采取这种构架形式是相当不错的。

# 小门式 [1]

　　　凡造小门者，乃是冢墓之前所作。两柱前重[2] 在屋[3]，皮上[4] 出入[5] 不可十分，长露出杀，伤其家子媳[6]。不用使木作门蹄[7]。二边使四只将军柱[8]，不宜太高也。

1. 小门式：类于宋式乌头门，清称冲天门、棂星门，为冲天柱（柱头伸出门上横构或屋顶之上）间安门扇的形式，为墓园及一些特殊的礼制性建筑所用门式。

2. 前重：进入重叠，指门柱包裹在墓园墙内。

3. 屋：此处指墓园围墙。

4. 皮上：地表以上。

5. 出入：出入经过的门槛。

6. 长露出杀，伤其家子媳：子媳，本指儿子和媳妇，通"子息"，泛指子孙后代。此句讲门槛不能过高，否则会对子孙后代产生不好影响，为迷信内容，以下译文中不采用。

7. **门蹄：** 即门脚，方言，即门槛、门限。

8. **将军柱：** 应是在庭院出入口、某些建筑物前后或大堂前两侧所立冲天柱的一种俗称，其上并不支撑屋盖，纯为装饰以显威势，在牌楼、碑亭前后或园寝一类入口多见，其装饰繁丽者即称为华表柱。柱出头式牌楼，其柱亦称冲天柱。有时也泛称较大而雄伟的柱子为将军柱。

## 译 文

凡是建造小门，是用在家族墓园前面。门的两根立柱包裹在围墙里面，地面上门槛不能超过十分，不使用木制门限。门两侧立四根将军柱，不宜过高。

延伸阅读

### 坊门、乌头门、棂星门、牌坊源流

在古代，随着民居院落的出现，产生了大门。人们在土石垒筑或竹篱编扎的院墙出入口立两根木柱，木柱上端安装横木以为联系，因谓之"衡门"（古"衡"与"横"通），两柱之间的门扉最初也不过就是竹木编扎而成，可以随时堵上或移开。从甲骨文的门字形来看，殷商时期的门扇可能已是能够转动启闭的了，有对开扇曰"门"（多用于院落大门），有单开扇曰"户"（多用于房屋门），但大门整体仍不脱"衡门"形制。以后又在门头架椽铺板或瓦作为屋顶形式，门的形制才逐渐完善起来。先秦时期城邑中居民聚居的基本单位叫"里"，因其大约是一里见方而名。各个里都是以围墙闭合的单独空间，基本居住同族之人（战国时期开始实行编户齐民），由政府任命里的长官（一般是族长）来监管组织族人的生产作息。里设有大门称为"闾"，按照规定时间统一启闭出入。最早里门的形式也很简单，大约也不过就是两根立柱之间靠上端加一根横木，中有门扇可以启闭，即"衡门"形式。里制沿用至秦汉时，闾、里可互用互代，或也合称"闾里"。东汉以后宫中贵族的住处有称为"坊"的（"坊"与"防"通，原是指四周有围墙的区域），北魏开始把城中居民的"里"称"坊"或"里坊"（一说"坊"称是由一里见方之"方"而来，但当时一些王公贵族所在的坊的面积和户数都远远超过一般居民之里，虽后者可以坊、里互用，而前者却并不叫里，由此可见"坊"之初意是一里见方的说法似难成立），以后坊就逐渐取代了里称。

《荀子·大略》载："武王始入殷，表商容之里。"商容是商代贵族贤臣，相传被纣王废黜，周武王灭商后，在商容所居的里坊立表（标识之柱杆），以示对前朝善贤之臣的怀柔表彰。周武王于商容之间所立的表，可能是在原里坊门前特立一根或两根表柱的形式，也可能是以此形式而重立里坊之门。无论如何，这都可算是见于记载的最早的为表彰善贤者而做的坊门。这种用于表彰的坊门可称为"坊表"，其作用如《周书·毕命》所言，在于"旌别淑慝，表厥宅里，彰善瘅恶，树之风声。"这种有旌表之意的坊门，与普通坊门的区别，大概在于两根立柱特别突显而或又有特别的装饰，门、柱之上或有题字牌板之类。门有题字牌板者，至迟在五代时已明确存在，据《新五代史·李自伦传》，五代后晋时李自伦因六世孝睦同居，被敕准旌表门闾，以所居飞凫乡为孝义乡、匡圣里为仁和里。

这种坊表之门似乎又是古代所谓"乌头门"形制的由来。乌头门之名最早见于北魏，《洛阳伽蓝记》载："永宁寺北门一道，不施屋，似乌头门。"宋《营造法式》总释乌头门下又引唐上官仪《投壶经》谓："第一箭入谓之初箭，再入谓之乌头，取门之双表之义。"可见，乌头门含有旌表昭示之意，形制具有古朴雅洁之韵，故而受到推崇，大概权贵喜用之以标榜清廉有德，所以唐代就加以控制："六品以上者，仍通用乌头大门"（《唐六典》），从而成为一种社会地位和政治身份的标志性建筑。至于乌头门叫法的由来，据新、旧《五代史》载，后晋时在李自伦之前还有个叫王仲昭的人，也是六代孝睦同居，"其旌表有厅事步栏，前列屏树乌头。正门阀阅一丈二尺，二柱相去一丈，柱端安瓦桷墨染，号为乌头"，所述与《营造法式》所载乌头门图式相符，类似的乌头门样式在敦煌石窟唐代壁画中也可见到（见乌头门、棂星门图）。乌头门柱头上套瓦筒，本是为防雨水侵蚀，又将其做雕饰并刷染为黑色，成为门之远观最突出醒目的部分，确实可以起到昭示标榜的作用。"阀阅"，本作"伐阅"，原指功绩和资历，引申指世家门第（《后汉书》之《章帝纪》和《韦彪传》李贤注引《史记》："明其等曰阀，积其功曰阅"），

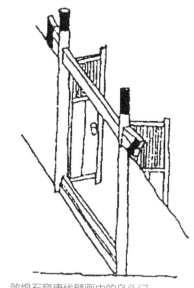

敦煌石窟唐代壁画中的乌头门

亦成为世宦之家高大显赫门柱或门的代称，自然也有彰显旌表之意（一说门在左曰阀，在右曰阅。见《资治通鉴·宋纪十》胡三省注）。可以说乌头门与阀阅实为一事，所以《营造法式》小木作制度中记乌头门"其名有三：一曰乌头大门，二曰表楬，三曰阀阅。今呼为棂星门"（又曰"俗谓之棂星门"）。但乌头门、阀阅与坊门却并非一事，新、旧《五代史》记户部奏请欲从王仲昭之乌头等制为李自伦旌表，诏曰："王仲昭正厅乌头门等制，不载令文，又无敕命，既非故事，难黩大伦，宜从令式，只表门闾"，于李所居之前，只高其外门，左右建高大方台，涂以白泥，漆赤四隅，"使不孝不义者见之，可以悛心而易行焉。"可见，乌头门不过是贵族官宦们将原来坊门的旌表意义及形制移用到了自家的宅门上，虽然多是出于自作主张（"无敕命"），但朝廷在"只表门闾"的同时，对这种旌表于自家门前的做法也很无奈，不得不在一定程度上认可，这从一个侧面也反映了古代里坊居制的衰落。

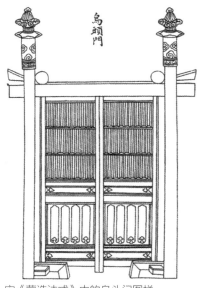

宋《营造法式》中的乌头门图样

山西繁峙县岩山寺金代壁画中的乌头门

汉高祖时始祭灵星（即天田星，农神），后来凡祭天前须先祭灵星。宋仁宗天圣六年（1028年），筑郊坛外垣，始置灵星门，到南宋时又移用于皇室太庙和孔庙，甚至有的王公园庙也置灵星门。明清沿用其制，称为"棂星门"，但除皇家陵墓、坛庙及各地孔庙外，其他建筑已不能使用了。按照清人的说法，是后人以灵星与孔子无涉，又见门形如窗棂，遂改"灵"为"棂"（袁枚《随园随笔》）。然则棂星门不独用于孔庙，何以单以与孔子无涉？又何以宋人不以为无涉？从明清遗存至今所谓棂星门的形制来看，大多都是牌坊或牌楼的形式，只是有的加有直棂条的门扉，又与《营造法式》中的乌头门十分接近。《营造法式》明确说乌头门又叫棂星门或俗称棂星门，《宋史》中"灵星门"与"棂星门"并见，极可能是一事。《营造法式》成书虽晚于仁宗始置灵星门七十多年，但乌头门却是早已有的，而棂星门既是一种俗称，也必定在当时已是相当普遍且已存在了相当长时间的一种民间说法了，如果当时仅是用于皇家坛庙者称之，又何来俗称？所以，合理的推断是，乌头门俗谓棂星门，大概是因其门扉用棂条之故，而用于坛祭灵星，不过是正好借用其名的附会做法而已，以后又移用于太庙、孔庙以及陵墓等，皆示尊祭如天之意。后世里坊居制不存，权贵住宅亦渐废乌头门，改用更加牢固壮观的大门形式，而表彰标榜的作用也由坊门演化而来的牌坊所替代，棂星门遂独存于祭祀礼制建筑之中并沿其名。后世棂星门有加棂条门扉与不加棂条门扉两种形式，后者实际上就是牌坊或牌楼，这正是因为牌坊、棂星门本就同源之故，只是由于用于不同的地方而有异称罢了。

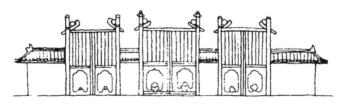

山西万荣县金刻汾阴后土祠图碑后土祠前棂星门

河北遵化市清东陵泰陵神道棂星门（龙凤门）

古代里坊居制，非高官显贵，其住宅的大门是不能朝向坊外大街开设的。后来在坊门的开闭上逐渐松弛，由《墨子》中记载的早晚开后即闭，至唐代改变为晨开暮闭了，居民白天可以自由出入，而夜间禁闭的目的已由针对人身自由的居民管制和防范奸盗的安全措施转变为以后者为主。宋代城市商品经济发展，至迟在北宋中期城市中已突破了坊墙的封闭，店铺和居宅可以自由地面向城市街道建房开门。传统里坊居制的坊墙虽然消失了，但作为居住区域、地段的"坊"名，仍在以后相当长时期内存在使用着。从南宋《平江府图》碑可以看到在平江府前的街衢建有不少坊门，形制比较简单，类似于明清"二柱一间一楼"的牌楼形式，二立柱上端贯通两道横木，其间横匾书"某某坊"之名，左右无墙，中亦无门扇，顶上覆有"楼檐"。直到元大都还分全城为若干坊，也应该有这种徒具形式的象征性的"坊门"。

明清时期，"坊门"已很少用于一般居住区域的标志，而主要集中在了旌表昭彰的纪念意义和装饰景观作用上，样式趋繁，体量趋大，可以多柱多间，柱上两道横枋间为题字的额板，称之为"牌"，此种"坊表"门便被称为了"牌坊"。牌坊就是由一排若干柱之间连接横梁（枋）形成的平面呈一字形的框门形式，相邻两柱为"一间"，可以有多柱多间，如四柱三间、六柱五间等，其明间、次间等的划分一如房屋建筑。如果在牌坊上加做屋顶楼檐形式，就成为"牌楼"。一般北方地区将起有楼檐的习称为牌楼，江南则常将二者通称为牌坊，即使有楼檐的也称"有楼牌坊"或"牌楼牌坊"，无楼檐的则称"无楼牌坊"。明清时期牌楼的运用要远多于牌坊，但在具体名称上，特别是在按照其建造的意图和作用、使用的环境、所纪念的对象以及牌上的题字等来命名时，不管是牌坊还是牌楼，习惯上大多都称以"某某坊"，即是以牌坊为总名或通名的做法。牌楼的楼檐可以每间都做，也可以做中间一个或是从中间开始向两边分段设置三个及三个以上，为中间高、两旁对称高低错落的组合，呈层楼重檐的视觉效果，故称为"楼檐"或"檐楼"，简称为"楼"，有几个"屋顶"就称为"几楼"。檐楼的多少与间数不一定对应，如二柱一间可有一楼、三楼之分，四柱三间可有三楼、七楼、九楼之别。牌楼的柱子有出头和不出头之分，如果柱子出头亦即冲出檐楼之上，称为冲天牌楼，柱子称为冲天柱，柱顶覆陶瓦为"云冠"（又称"云罐"），石作者常取华表柱形式（上有云板及狮兽石雕），这都是"乌头门"乃至更古老的"衡门"遗制。冲天牌楼基本是一间一楼的形式，居于明间上的叫正楼、主楼或明楼，居于次间上的叫次楼，居于梢间上的叫梢楼或梢间楼。柱不出头的牌楼，可以一间一楼，但更常用楼数多于间数的形式，即在正楼与次楼、次楼与梢楼之间又夹有小楼称夹楼（其位于各间立柱顶上），在梢间外侧的边柱顶上也建一个小楼称边楼。各楼的高度依明、次、梢、夹、边的次序降低。柱数、间数、楼数较少的小体量牌楼，还可以在边柱外做一个小楼檐称"跨楼"，外侧以不落地的垂莲柱收住，这种形式以二柱一间的冲天牌楼用得最多。过街牌楼常做为二柱一间式，二柱立于街之两侧，如果跨度较大其间也可以悬空的垂莲柱来分间，而顶上三、五、七楼不等。同一部位的楼檐多为一重，但店铺牌楼或某些民间式样也有重檐甚至三重檐的。

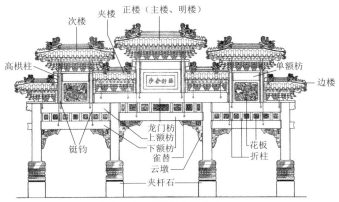

四柱三间七楼柱不出头牌楼

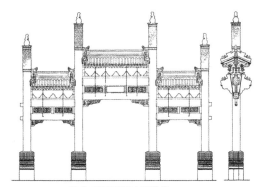

四柱三间三楼冲天牌楼

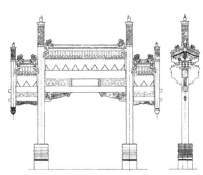

二柱一间带跨楼冲天牌楼

牌楼形式举例

明清牌坊对人的旌表作用也由之前针对活人而趋向针对死人，即生前在忠孝节义、功名道德某一方面有突出表现的人，有所谓忠孝坊、功德坊（又可细分为功名坊和道德坊）、节烈坊（又可细分为贞节坊和烈女坊）等，也可以在发生过重要事件、具有纪念意义的地方建标志坊。明清牌坊的用途十分广泛，可以用于陵墓、坛庙、祠堂、衙署、皇家园林以及城市街衢路口、桥梁之前甚至酒楼店铺等处，作为建筑区域的起点标志或装饰点景之用，可以导引环境、烘托气氛，成为一种纯景观性建筑。不过，牌坊或牌楼极少用于私家园林和皇宫之内，大概其对于前者来说体量显得过大，而对后者又显得体量不足而不够庄重。牌楼还可以与宅门、墙门结合，成为牌楼式的门。

此外，还有用于婚丧庆典时在门前、街口临时支搭的简易牌楼，多用木竹篙苇扎缚而成，形式须与活动内容相应：如丧事时用苇席制成额枋和檐楼的"素牌楼"，喜庆时应扎彩布绸和各色纸花的"彩牌楼"，偶有用鲜花扎成的叫"花牌楼"，用松枝扎成的叫"松塔牌楼"等。

元代之前，各种坊门、棂星门之类，主要为木材建造。明清时全用木材建造的牌坊并不多，主要见于一些酒楼店铺的店面装饰。明清所谓木牌坊主要作牌楼的形式，并且是柱枋、斗栱等主体结构用木制，而基石、楼顶用石料及砖瓦。木牌楼的使用，城市多于乡野，用于祠庙、衙署、苑园等的门前或建筑之前，或者跨街而立，朱楹彩绘，十分华丽。有的寺庙山门或大殿正面也做成木牌楼式样。木牌楼绝少用于陵墓。明清以全石建造或主体为石构的牌坊和牌楼于今多有遗存，或精雕细刻，或朴实无华。石牌坊的使用，乡野多于城市，尤其以石质的坚硬冰冷之感和坚固耐久特点而盛行于陵墓和各种功德贞节坊。位于明十三陵神道前的石牌楼，建于明嘉靖十九年（1540 年），全部用汉白玉石雕制而成，为五间六柱十一楼，高达 14 米，宽近 29 米，是国内现存最大的牌楼，也是明代石雕艺术的代表作品。河北遵化清东陵石牌楼，是国内现存第二大牌楼，也为六柱五间十一楼形式。今皖南赣北的明清徽州地区，是牌坊较多而集中之地。据说徽州原有牌坊一千多座，如今还遗存有一百多座，被称为"牌坊之乡"。气势最为壮观者，是安徽歙县棠樾村的牌坊群，在一条弧形大道上依忠、孝、节、义、节、孝、忠的次序排列七座牌楼，无论从哪头开始的顺序都是忠、孝、节、义，七坊皆作四柱三间三楼，跨路而立，其中五座为冲天式牌楼。皇家以及特赐的牌楼，可以使用琉璃盖顶和琉璃砖贴饰壁面。现存琉璃牌楼不是很多，主要集中于北京，有七座，河北承德市和山西也零星可见。

明十三陵石牌楼

安徽歙县棠樾村石牌楼群

将牌楼与房屋大门或窗罩相结合的形式，在清代也相当普遍，尤为南方民居和祠堂所常用，主要是用青砖砌造而成，个别施以粉饰。大约有两种形式：一种下半部与普通砖墙无异，而加建牌楼式的门罩或窗罩，柱为不落地的垂莲柱；另一种是在墙上贴附成整座砖牌楼形式，如浙江东阳市"含华佩实"宅贴墙砖牌楼门。《鲁班经》所谓墓园"小门"者，应包含有这种建于围墙之间的牌楼式的门。

　　牌坊这种中国古代独特的建筑类型，为现代园林建筑所继承和借鉴，成为自然山水和园林造景用来分隔界定空间常用的建筑手法。牌坊和牌楼是由梁柱构成的平面呈一字形的二维空间的单片结构的"门"，它本身不是空间结构也不构成空间，但由于它的"门"的形式，作为景观空间的界定分隔和联系通道入口，在指示和引导浏览方面的作用非常突出，并加强和丰富了建筑群体的空间节奏感和艺术感染力。尽管有时牌坊或牌楼离游览的主要或最终目的地尚有数里甚至是数十里之遥，却会引导人们马上进入游览和观景的状态，给人以已经或即将到达之感，即牌坊或牌楼可以成为一处景区、景观的"开场"或"序场"建筑。

# 搜 焦 亭 [1]

　　造此亭者，四柱落地[2]，上三超四[3]结果[4]，使平盘方[5]中，使福海顶[6]，藏心柱[7]十分要耸，瓦盖用暗镫[8]钉住，则无脱落，四方可观之。

**1. 搜焦亭：** 亭类建筑名。如何名为"搜焦"，难解。《鲁班经》附图作"梭樵亭"（"梭"字形不清，又似"楼"字），所示并非全貌，似是一种二层楼阁式的亭，大概具有瞭望观察远处情况的功用，但文中却丝毫也体现不出来。从文中的描述来看，是由前后各两根立柱支撑，当为四角形，顶部的折举较高，顶尖高耸。"搜焦"，也可能是明代江南地区对此种形式屋顶的一种方言叫法，有向上向中心收束、聚拢、集中之意。

《鲁班经》搜焦亭图

2. **四柱落地**：前后各由二立柱支撑间架的形式。

3. **上三超四**：是指其屋架顶部的举高，举高为三分举一，即结顶举高（如是房屋类从脊檩算，如是亭式建筑则从顶梁算，其高出檐檩或挑檐檩枋的垂直距离）为其进深（前后檐檩或挑檐檩枋间的水平距离）的三分之一，这个举高要大于一般房屋的四分举一（举高为进深的四分之一），所以叫"上三超四"。不过，依宋《营造法式》中的规定，八角或四角筒瓦亭为二分举一，板瓦亭为十分举四，都大于三分举一。

4. **结果**：即结顶。

5. **平盘方**：方，同"枋"。平盘方，亭子构架上部周绕的金枋，清式又称"井口枋"。

6. **福海顶**："福海"，常与"寿山"连用，称为寿山福海，是吉祥语。在建筑上，寿山福海一般是指大门或槅扇槛窗上下转轴，是套筒、护口、踩钉、海窝的总称，为铜、铁制的靴臼（套件），用于上面套的称寿山，下面称福海。亭式建筑的宝顶下要使用一些套护结构，所以福海顶当是借以代指宝顶。

7. **藏心柱**：指收束结顶的短柱，是攒尖顶建筑顶部的骨干构件，上承宝顶，清称"雷公柱"，其由四角的角梁上续部分（称"由戗"）交汇于此支撑，视屋顶及宝顶的大小而有悬空和落脚于太平梁上两种构造。

8. **暗镫**：古建筑中起固定作用的榫卯钉索类构件名称，用在需固定构件的内表面，外视则无所见。

按：本段后引诗文两首，为迷信内容，不具录。

## 译 文

建造这样的亭子，前后各用两根立柱支撑，上部使用"上三超四"的方法结顶，使平盘枋居中，让福海顶和藏心柱十分高耸。瓦盖用暗镫钉住，这样就不会掉落下来，能从四个方向看到。

**延伸阅读**

### 中国古代建筑的亭和亭制源流

亭，俗称亭子，其基本形制特征是在攒尖顶下四面开敞透空，不设门窗墙壁。攒尖顶是建筑物的屋面向上在顶部不是汇为一条正脊而是汇交为一点，从而形成尖锥顶的形式，宋《营造法式》中称为"斗尖亭榭"或"撮尖亭子"。《鲁班经》所谓"搜焦"，或是明代江南地区对此种形式屋顶的一种方言称呼。亭子的顶部构造，多角亭在转角部位设角梁，角梁以上设由戗（续角梁），圆亭无角梁但顶部构架亦有由戗之设，由戗共同交在中心的雷公柱上。雷公柱是攒尖建筑顶部的骨干构件，其上端置于顶上攒尖收束处安装的瓦石或铜质的宝顶之中（铜质宝顶常鎏金），下端有两种做法：一种是在上金檩间架一道太平梁，使雷公柱落脚于太平梁上，这种做法多见于较大型的攒尖建筑上，因为宝顶重量大，仅凭由戗不足以支撑，所以就安置太平梁以保"太平"；另一种是不置太平梁，雷公柱悬空而由若干根由戗撑住，这种做法用于一般宝顶较轻的攒尖顶建筑。悬空的雷公柱下端柱头上常做成垂花头，有仰覆莲、风摆柳等不同形式的雕刻。

我国西周以前是否有亭这类建筑尚不清楚，但是攒尖顶的建筑却是早已有的，原始人类早期在地上所建的穴居、半穴居茅庐房屋就是圆形及方形的攒尖顶，只是其结构较之后世的攒尖顶建筑要简单得多，并且也不叫"亭"。《说文》："亭，民所安也。亭有楼，从高省，丁声。"在战国陶文中，已有"亭"字，与《说文》篆文相近，也已是一个形声字。可见，亭最初大约是建于高台之上的有楼的建筑。《释名·释宫室》："楼，谓户牖之间诸射孔，楼楼然也"，段玉裁注《说文》："《释名》……楼楼当作娄娄。女部曰：娄，空也"，说明最初亭和楼在功用和形制上都有相同之处，是用来作军事守卫的岗楼一类的设施。《墨子·备城门》："百步一亭，高垣丈四尺，厚四尺，为闺门两扇，令各可以自闭。亭一尉，尉必取有重厚忠信可任事者"，岑仲勉注："尉为协助守城之长官"（岑仲勉《墨子城守各篇简注》，上海古籍出版社，1958年），这是最早见于文献记载的"亭"，明确为城防守备的一种建筑设施。《战国策·韩策》："料大王之卒，悉之不过三十万……除守徼亭障塞，见卒不过二十万而已矣。"《战国策·魏策一》："魏地方不至千里，卒不过三十万人……卒戍四方，守亭障者参列，粟粮漕庚不下十万。"可见，春秋战国时的亭，是设于城垣之上或边境线上的辅助性军事守卫设施，在城垣上城门与角楼之间每百步建一座，在边境线上大概是位于边关要塞城堡（所谓塞、障者）之间，也是每隔一定距离设一座，颇有些类似于今天的边境哨所，其下筑有较高的台垣（也不排除干栏高屋的形式），形近于在城门、边关上所筑的"楼"而规模要小，且要登临，所以其下土台是中空的即成为亭垣，它的作用在于瞭望观察敌情以协防军事。《国语·周语》说周制"疆有寓望"，所指大概就是边境上的这类设施。这种守望之亭常与传递军情的烽火燧台邻近而建或者干脆合在一起，王国维、陈直等人考证居延汉简中有"亭"即是如此，统称之为亭障或亭燧。

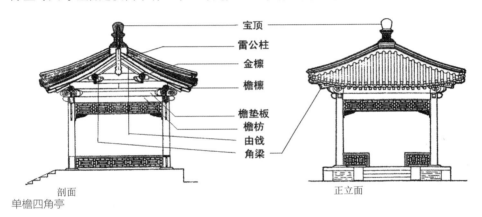

剖面
单檐四角亭

正立面

宝顶
雷公柱
金檩
檐檩
檐垫板
檐枋
由戗
角梁

周代诸侯国家之间的交通要道上每隔一定距离设有为来往使者和宾客行人提供饮食粮草的休息之所，虽然这些建筑名称和设置的具体距离，先秦及汉代文献的说法不尽相同，但大体可知的是，在短距离内的设施简单，只提供饮食和短暂休息，距离稍远的则有房屋可供住宿和提供粮草。当然，这样的设施在有战事时同样可以用以守望传递军情消息，以及供政府机构间进行文书来往，成为驿站邮传系统，所以到秦汉时道路上的这种设施也就叫作"亭"了。据学者对居延汉简的考证研究，两汉传递文书，邮驿并称，步递曰邮，马递曰驿，邮与亭相近，联称为邮亭，驿因设站之长短分驿、置两种，大者为驿，小者为置。总而言之，邮亭驿置，除传递文书外，皆可供旅客住宿休息。《后汉书·百官志》注引《汉官仪》说"十里一亭，五里一邮。"《释名·释宫室》："亭，停也，亦人所停集也。"《周礼·地官·司徒·遗人》："凡国野之道，十里有庐，庐有饮食；三十里有宿，宿有路室，路室有委；五十里有市，市有候馆，候馆有积。"郑玄注："庐，若今野候，徒有庌也；宿，可止宿也，若今亭，有室矣；候馆，楼可以观望者也。"应劭《风俗通义》："《春秋国语》'疆有寓望'，谓今之亭也，民所安定也。亭有楼，从高省，丁声。汉家因秦，大率十里一亭。亭，留也，今语有'亭留''亭待'，盖行旅宿食所馆也。"据郑玄说，汉代的亭相当于周代的宿，有房屋供行人住宿；据应劭及许慎的说法，则秦汉的亭又有楼，似是兼周代宿（路室）和候馆之制。从历史延续性的角度而言，汉代的亭仍然有楼是可信的。应劭在《风俗通义》中还讲了一个河南汝阳西门亭中闹鬼的故事，说旅客入亭，可"趋至楼下"，然后"上楼"。可见，汉代的亭是以墙围合若干房屋的一处提供饮食住宿的旅馆建筑，内有楼为其标志性建筑并以之为此建筑群之总名"亭"。之所以以高楼为标志，有瞭望和方便行人从远处望而见之两层用意。所以，汉时还在市门楼和城门楼上方立旗，以为标志，谓之"旗亭"，王莽时还曾将城门改名亭。

秦汉两朝为加强中央对地方的统治，在全国范围内整治道路，并建立统一完善的邮亭驿传系统，驿亭的数量众多，分布极广，以至于一度被作为直接管理地方的基层组织。《汉书·百官公卿表》："县道大率十里一亭，亭有长，十亭一乡。"《后汉书·百官志》："亭有长以禁盗贼。"《说文》所谓"民所安定也"大概也是从边防亭障和此种维护地方治安之亭两个方面而言的。学者考证亭长之组织，下有亭父、求盗各一人，平时练习五兵，其任务停留宾客，兼管输送、采购、传递文书各事。汉代亭长分四种，一为城内之亭长叫街亭长（又名都亭长）、门亭长，二为城外乡亭之亭长，三为守卫官署之门亭长，四为边郡守望烽火燧台之燧长又名亭长，而通常所指则为城外乡亭之亭长。汉高祖刘邦曾担任秦的泗水亭长，就是这种乡亭之亭长。

驿道之亭可供人休息，人在休息时可以登高观景，亭也就被赋予了休憩观赏的功能。东汉之后，原先的行政亭制渐废，但其影响至久，据《广东通志·肇庆府》所载，晚至明代仍在该地东、北两条要道沿途建亭，"于十里一铺中每五里间建一亭，极其壮固，北路凡四座，东路凡五座"。至于单纯以娱游观赏为目的而无实际用途的亭，确切是从何时独立分化出来的，尚不清楚。著名的浙江绍兴兰亭，是目前所知这类性质的亭类建筑中最早的一个。据《水经注·浙江水》："《山海经》谓之浙江也……浙江又东与兰溪合，湖南有天柱山，湖口有亭，号曰兰亭，亦曰兰上里。太守王羲之、谢安兄弟，数往造焉。吴郡太守谢勖封兰亭侯，盖取此亭以为封号也。太守王廙之移亭在水中，晋司空何无忌之临郡也，起亭于山椒，极高尽眺矣。亭宇虽坏，基陛尚存。"

兰亭原在湖口"兰上里"村头，可见起初也并非为观景而建，尚是汉代亭制遗意，兰亭侯实是以地名为封号，只是不知当年兰亭是否仍为高楼制式。后王廙之将亭移建水中，至何无忌又建到山顶，确确实实已经是为赏湖山美景之作了，而且在水中者必为干栏楼阁式，在山顶者已无须再下建高台或干栏，只四面开敞就能有"极高尽眺"之美了（今地处兰渚山下的兰亭及其园林建筑群，一说为明嘉靖二十七年后移此重建，一说为清康熙年间重建）。以后再将这种建筑形式复制于平地，遂成普通亭式。兰亭，很可能就是后世山水园林中观景和景观建筑的亭的鼻祖，而这种亭式在后世的推广与风行，怕是与东晋王羲之那次于兰亭召集几十位文人骚客参加的流觞赋诗集会以及由此留下的天下闻名的文学艺术瑰宝《兰亭诗集》和《兰亭集序》有着极大关系的。南北朝时期，亭作为赏景和点景建筑，不仅被引入园林名胜和乡野山水之中，而且还普遍出现于贵族宅第、陵寝寺庙甚至衙署祠堂中。从此，亭成为中国园林和名胜山水的一种普遍的景观建筑形式，在以无围护结构的四面开敞的攒尖顶为基本形式特征的基础上，又发展出多样的平面及立面变化和组合形制与结构。亭的功用也发展得十分广泛，用于纪念历史事件或人物，用于讲学，用于奏乐，用于祭祀，用于庇护碑井，用于迎别息足，用于标志象征等。但绝大多数都属于没有实用价值的精神文化功能，整体上都可属于景观类建筑，尤以园林中用得最广，明清时期可以说无园不亭，亭成为园林中必不可少的建筑，所以很多人将园林称为"亭园"或"园亭"。明代计成所著《园冶》一书中说："《释名》云：'亭，停也'，所以停憩游行也。"正是就亭之古义而作了造园学意义上的解释。

亭子结构精巧，大小自如，造型多样，还可以灵活创造出多种组合形式。单体亭的平面形状有圆形、三角、四角、五角、六角、八角、十二角以及扇面、梅花等，以四、六、八角（又称四、六、八方）及圆形者为多见，三角亭极少。以单檐者为多，二重檐的较少，三重檐更少见（一般属于极隆重的高等级建筑而或以殿称之，如北京天坛祈年殿为圆形攒尖三重檐，虽名殿，但实属于攒尖顶的亭式建筑而加以槅扇门窗者）。由两个或两个以上的单体几何形亭在平面上结合，就构成各种组合亭，如套方（又称方胜，为两个正方亭沿对角线方向套叠组合在一起）、双环（两个单体圆亭套叠组合一起）、双六角（又称套六方亭或六角套亭，为两个正六角亭以一边为公用边组合而成）、天圆地方（重檐亭，下檐为正方形，上檐为圆形）、十字（由一座中央突起的单体四方或八方亭四面加抱厦组合而成，也可以是中为正脊的主体前后带抱厦。如果在天圆

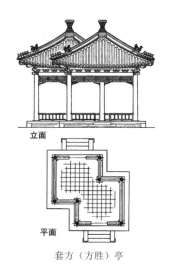

立面

平面

套方（方胜）亭

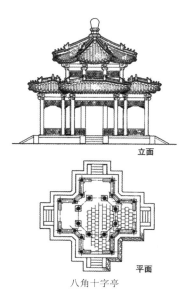

立面

平面

八角十字亭

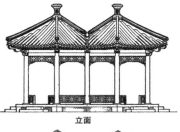

立面

平面

双六角亭（颐和园荟亭）

天圆地方十字亭（故宫御花园万春亭）

四角十字亭（承德避暑山庄水流云在亭）
组合亭数例

重檐双环亭（天坛万寿亭）

地方亭下层檐各面分别接出一座抱厦，即成天圆地方十字亭）等。两亭相连或一亭两顶的形式，又称鸳鸯亭。三座亭子相连，一亭居中为主，两侧两亭为翼，形如凤凰展翅，故称凤凰亭，如西安大清真寺内的一真亭，就是在六角形的主亭两侧各有短廊连接着一个三角形的顶如两个三角形的亭，造型非常优美。各式亭可以依附于其他建筑或墙体而做成半个，称为半山亭。整体为长方形的亭在北方很少用，南方则多见，常做成三间，中间大而左右两间小。

亭基本都是四面透敞不设门窗的，但也有少数设有槅扇门窗，或是局部有墙无门的形式。北京故宫御花园内钦安殿前，东西分列有万春亭和千秋亭，二者造型构造完全相同，均为上圆下方、四面出厦的重檐形式，上檐为圆形攒尖顶，下檐四出抱厦构成十字折角平面，下檐柱间围设槅扇门窗。另也有少数四面空敞的小型非攒尖顶建筑题名为亭的。

北京故宫御花园千秋亭

北京故宫御花园万春亭

亭虽结构精巧，美丽多姿，而构筑简便，大小自如，随宜安置，可以观景，本身也可以成景，其攒尖耸拔，翼角飞翘，静谧中尽显飞动，实体上通透空灵，成为中国古代一朵具有独特风韵魅力的建筑艺术奇葩！

# 造作门楼 [1]

新创屋宇开门之法：一自外正大门而入，次[2]二重[3]，较门[4]则就东畔开吉。门[5]须要屈曲，则不宜大直[6]，内门不可较大外门，用依此例也。大凡人家外大门，千万不可被人家屋脊对射，则不祥之兆也。

按：本段造作门楼之制，含有迷信内容，因涉及一些门的名称，故仍照录。

1. **门楼**：指盖有屋顶或屋顶样式的院落门，包括大门和垂花门式的二门。另城门上的楼橹，明清也称门楼。

2. **次**：到，到达，此处表示次序。

3. **二重**：第二道门。

4. **较门**：所指不详。按文意，或有以下两种可能：一是"较"通"角"，"较门"即"角门"。明清官署、寺观以及较大型的邸宅大都于院落近角处开设有角门，一般供非公职人员或下人差值出入，或是作为与旁院连通的非正式出入的捷近通道，也称"旁门"；二是"较"音读为 jué，本指车厢或其两旁板上的横木，则此较门为正门之侧的边门、厢门、便门。明清衙署和王公贵族府邸的二重正门称为"仪门"（礼仪之门的意思），平常不开启，只在喜庆大典迎送高官贵宾以及重大祭祀活动等正式礼仪场合开启使用。仪门两侧配房内开有通向内院的便门，东侧便门便是平时出入之所，西侧便门为遇凶丧之事礼时启用故又叫"鬼门"。东西便门两侧，再开角门。有些特殊的礼制建筑，还建有两侧并不连以墙垣的单独的仪门，纯为象征形式。一般大户人家住宅，联通内宅和外院的二门多作垂花门或是门厅形式，在后檐柱或后金柱间设门扇，也是除重大庆典活动和迎送贵宾外平时不开启，称为"屏门"，而平时出入则从屏门前左右两侧门绕行。屏门类似于影壁，具有屏挡入院者视线的功能，故以为称。另外，古人迷信，认为鬼走直道，屏门具有挡冲鬼煞之气的作用。如果是只一进院落的普通民宅，没有二门，就需要在大门内侧正面设置类似于屏门或影壁一类的"挡冲"设施，较门或即指开在其两侧或一侧的出入之门。结合上下文，"较门"所指似以上述第二种可能性更大，在此解为旁门、侧门、边门、便门均可。这种"较门"，有设门扇的，也有不设门扇只是一个门口或门洞的形式。

今华北地区如河北衡水、邢台等地的农村宅院，有些大门的设置，似也是此类"较门"遗意。无论是正门开于南墙还是东西墙上，均作门楼式，门道三面为墙，以进门方向而言，左侧墙壁与前

河北衡水冀州区某民宅大门（外视）

方迎面墙壁直角相接，右侧墙壁为半堵实墙，其与迎面墙壁之间空成出入口，进入门道后前行至此折向右，经此口进入庭院。还有一些较大的民宅，门楼过道呈 T 字形，即在门楼内设有一处东西向横置的影壁，入门道后向两侧绕行进入庭院。这种将入门通道设计成曲折状的方式，都是《鲁班经》中所谓的"门须要屈曲，则不宜太直"之意。

河北衡水冀州区某民宅大门（内视）

北京郭沫故居垂花门之屏门

5. **门**：此门当作"门道"讲，为进门的道路，从正大门进来后，到第二道门时，并不直接进入庭院，是为了避免"太直"，因而在东侧开设门口，以使进门的路形成曲折。

6. **大直**：大通"太"，特、过之意。

## 译 文

　　新建住宅造门的方法：从宅院第一道门即正大门由外而入，进到第二道门，较门开在东侧是适宜的。进门路径需要曲折，不宜太直。内门不可以比外门大。造门就需要遵照这些范例。凡是住宅的外大门，千万不可以被别人家的屋脊对射，那是不合宜的。

《鲁班经》造作门楼图

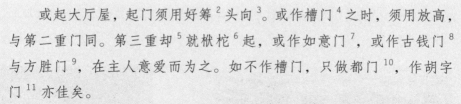

# 论起厅堂门[1]例

或起大厅屋，起门须用好筹[2]头向[3]。或作槽门[4]之时，须用放高，与第二重门同。第三重却[5]就栿柁[6]起，或作如意门[7]，或作古钱门[8]与方胜门[9]，在主人意爱而为之。如不作槽门，只做都门[10]，作胡字门[11]亦佳矣。

上下门计六尺六寸，中户门计三尺三寸，小户门计三尺一寸[12]。州县寺观门计一丈一尺八寸阔。庶人门[13]高五尺七寸、阔四尺八寸，房门高四尺七寸、阔二尺三寸。春不作东门，夏不作南门，秋不作西门，冬不作北门。

1. **厅堂门**：上文言造门楼，包括大门和二门，此处厅堂门应主要指房屋门。但从下文具体内容来看，实际还包括了像厅堂一样的二门、三门，也就是过厅式或穿堂式的门，现一般都称为屋宇式门。

2. **筹**：筹划，意为计划设置。

3. **头向**：朝向。

4. **槽门**：形制不详，疑指框架式的门，与屋宇式门相对，呈单片结构但上可以加盖屋顶即门楼形式。其一般用为院门即大门（但内门垂花门也应算作此类形式）。言"或作槽门之时，须用放高，与第二重门同"，意思是：如果院内建厅堂大屋门而大门做槽门形式时，则大门也相应要放高，与二门同高。

5. **却**：此处为恰恰、刚的意思。

6. **栿柁**：栿，为房梁，架于进深方向的柱头上，宋式称"栿"，清式称"梁"，俗称为"柁"，最下层的底架大梁又叫大柁，以上为二柁、三柁……不过，除大柁的称呼较常用外，其余二柁、三柁等称呼很少用。此处"栿柁"似应指底架大梁。但这里是讲造门，而第三道门"就栿柁起"，即便是解为门高至底架大梁下，也是不合理的。按《新编鲁般营造正式》，与之不同，作"就栿地上做起"，"栿地"应即"地栿"，地栿为宋式叫法，为门框下边的横木，清式叫"下槛""门槛"，也就是通常所说的"门限"。故《鲁班经》此处的"栿柁"应为"栿地"（地栿）之误。

7. **如意门**：详见下文延伸阅读部分"中国古代建筑的门"。《鲁班经》中明代所称的如意门，虽不见得和清式如意的形制完全一致，但大体不出这个范围。这里如意门、古钱门、方胜门，都是指院内第三重厅堂式门的形制。

8. **古钱门**：做成古钱形状的门。

9. **方胜门**：方胜，即方形的彩胜（传说西王母所戴的发饰叫"胜"），本为古代妇女的首饰，以采绸等为之，由两个菱形压角相叠而成，后来演变为汉族传统装饰纹样，寓意"同心双合，彼此相通"。方胜门，就是做成这种形状的门。

10. **都门**：此处含义形制待考。或认为是官署、祠庙的大门，可备一说。都门最初本指都城之门。城门都是开在城墙上的，即墙垣式门或随墙门，只是城门上往往建有高大的城楼。此处"都门"与厅堂式的"槽门"相对而言，也可能泛指于墙垣上开设的随墙门，这类门往往不做立柱等方形木框架，只需在门口内侧设转轴门扇即可，至简者甚至可以无门扇亦即单纯一个门洞作为通道，上亦无门楼，门口形状随主人喜好可为四方、六方、八方、圆形等各种形状，"胡字门"也是其中一种，这类门多用于宅院内各种隔墙之上。

11. **胡字门**：清代名"壶门"，宋《营造法式》中亦作"壶门"。但其字本应作"壶"还是"壸"（音 kǔn），今学术界存有争议，民间一般读为"壶"，壶、胡或为同音字转。壸，本义为宫中的道路，借指宫内。佛教传入中国后，结合拱券门和佛龛的造型，产生了一种"壶门"的形式，多用于佛塔、佛殿，如山西大同市华严寺大雄宝殿的殿门即为"壶门"形式，但更多的是演变为一种不具实际功能的门形装饰，常见于须弥座束腰部分、古代家具以及门窗装饰等，其作镂空或嵌刻形式，四边轮廓线变化丰富，重线或单线勾勒，形状有长方形、扁长形、圆弧形等，"壶门"内雕刻或绘有佛教题材、人物故事等。《鲁班经》这里提到的门，除如意门外，古钱门、方胜门、胡字门，一般都不作为宅第大门形式，而是用于庭院之内，园林中尤多见。古钱门、方胜门，或可能和如意门一样，也属于一种砖木混合砌筑的门。

12. **"上下门"为"上户门"之误**。此"上户门""中户门""下户门"的尺寸均未说明是高还是宽，当与后文"州县寺观门"一样，所指为"门阔"，非指门高。文中的上、中、下，都是指庶民以上的住宅中厅堂门也就是房屋门的规模或规格，因其高度自随房屋高度而定，所以言宽不言高。下文言州县衙署寺观的门，也应是指厅堂门。

山西大同市华严寺大雄宝殿殿门

山西大同市华严寺薄迦教藏殿壁藏壸门

**13. 庶人门**：庶民家的大门。庶民大门一般是不做门楼的，而前面"造作门楼"中未谈及庶民大门的建法，故此段"起厅堂门例"讲完庶民以上住宅厅堂门建法后，再将庶民大门和屋门一并补叙。

## 译 文

如果院内建造大型厅堂式门，建门时需要测算筹划好朝向。这种情况下如果大门做成槽门形式，则须将大门放高，与二门厅堂同高。第三重门则放低，可直接从地栿上起建，可以做成如意门的样式，也可以做成古钱门和方胜门的样式，随主人的喜好来建造。如果不做槽门，只做都门，做胡字门样式也是好的。

较大的厅堂门宽六尺六寸，中等的厅堂门宽三尺三寸，较小的厅堂门宽三尺一寸。州县府衙、寺院道观的厅堂门，一丈一尺八寸宽。庶民房屋，大门高五尺七寸、宽四尺八寸，房门高四尺七寸、宽二尺三寸。春季不做东门，夏季不做南门，秋季不做西门，冬季不做北门。

 **延伸阅读**

### 中国古代建筑的门

门，是建筑的出入口及其安装的启闭装置的总称，具有通行出入和闭合建筑区域的双重功能,也是区分建筑内外区域的标志。中国古代建筑中门的种类丰富,造型多样。以其所区分的建筑组群的规模及性质而论,有城门、宫门、衙门、寺门、院门、殿门、房门等。实际上,无论是城门、宫门、衙门还是寺门(山门)等,都不过是更大规模的一个院门,殿门就是更大的房屋门。当然,中国古代建筑还存在一类并没有围合启闭建筑区间的具有供出入通行的实际功能的门的形式,其纯为建筑区域的引导标志或景观之门,如牌坊门。房屋门已于前延伸阅读部分有述,这里主要谈谈今日常见的我国明清以来以北京四合院民居为代表的形形色色的宅院门,包括大门和内宅的院门。

宅院的正门谓之大门。大门大体上可分为屋宇式大门和墙垣式大门两大类。屋宇式大门属于最讲究的宅院大门形式,为富贵人家所用。其形制特点与居住的房屋一样,采用梁架结构,上承屋顶,盖瓦起脊,成一独立屋宇,开间分单间、三间、五间不等,门扉为双扇板门(由多块厚木板拼装而成实心门扇)。屋宇式大门的种类有王府大门、广亮大门、金柱大门、蛮子门、如意门等数种。王府大门是除皇宫门之外最为高级的,坐落于院墙或倒座房正中(全宅的中轴线上),架深有中柱、前后檐柱乃至前后金柱之设。门扉设于中柱间,多为五间三启门(开启当中三间作为出入通道)和三间一启门(开启当中一间)等,朱门碧顶,十分气派,门钉门饰等也各有等级规制。次于王府大门一等的是广亮大门,为官宦宅第采用的大门形式,建于宅院的东南方位(谓之"坎宅巽门"),单开间,一般占据倒座房东端第二间的位置,但进深和高度都突出于倒座房,

王府大门

广亮大门

金柱大门

有前后檐柱和中柱，门扉设于中柱间，使得门前有半间的空间而显敞亮，梁架全部暴露，故又称广梁大门。又次于广亮大门一等的是金柱大门，也为一定品级的官宦所采用，外形与广亮大门近同而规格略小，门也窄，有的只有半开间。主要区别在于不设中柱，而设前后檐柱、前檐金柱或并后檐金柱，门扉设于前檐金柱之间，因以为称，其门扉前的空间不如广亮大门宽敞。再次金柱大门一等的是蛮子门，是一般商人富户常用的宅门形式，外形与金柱大门一样，也是单开间，但门扉设于前檐柱之间，门前不留容身空间。再次蛮子门一等的是如意门，为一般百姓多用，其是在门口两侧与前檐柱间先以砖砌墙形成中间一个门洞，门洞内安装门框、门扇等（其正面除门扇外，其余木构件如檐柱、门框等均被砖墙挡住不露明），门洞左右上角以砖雕磨成弧线的如意形状，门口上左右两个门簪迎面也多刻"如意"二字。其装饰主要在于砖雕，随主人之意，可以做得十分朴素简洁，也可雕饰得无比精美华丽，所以名如意门（其由来据说是没落贵族将宅第卖给平民后，平民为了不越朝廷等级规制，同时也为了坚固安全，便在外面加砌了砖墙从而成为如意门）。

墙垣式大门，就是直接开于宅院墙上的并不构成屋宇形式的大门，为小型传统民居最常用。又分为门楼式墙垣门和随墙式墙垣两种（也有人将这两种形式一并称为随墙门）。门楼式墙垣门，虽然没有独立的屋宇，但在门上方加建一个略高出两侧院墙的砖瓦屋顶称为门楼（多为仿木构形式），在门上方或并左右墙上稍加装饰，多较朴素，但也可以遍施砖雕而显华丽。随墙式门，门与墙为一体，高度随墙，可高可低，上无屋顶亦即无门楼形式，至为简易，但也有在随墙门的上方墙面上以砖贴砌出门楼样子的。

蛮子门

如意门

门楼式墙垣门

上述为宅院大门。当然，屋宇式门和墙垣式门都不仅限用于大门，较大的宅院往

往还有旁门、侧门、后门，多进
院落的前后院或是左右跨院间的
出入往来之门，也不外乎这两种
基本的门形，只是规格上要比大
门小很多。前后多进院落的住宅，
沟通各进院落的门也有多道，因
有大门、二门、三门……之分。
一般二进院落，分隔前后院亦即
外院和内宅的墙垣正中多建垂花
门。垂花门大体也可算是一种屋
宇式门，其虽有不同的结构形式
（参见附图"各式垂花门构造示
意"），但前檐（或并后檐）下
做成不落地的垂柱，倒悬垂下的

垂花门

柱头通常雕饰为莲瓣或花簇头形式，因称垂花。向外一侧垂莲柱以里的两根落地柱
间（有时是中柱）安装第一道门，门板较厚，类于大门，白天开启供人通行，夜晚关
闭起到安全防卫作用。垂花门向内一侧的两棵落地柱间再安装一道以较薄的竖条木板
拼装的门称为"屏门"，其只在宅上逢遇婚丧嫁娶等重大仪式活动时才开启通行，而
平时都是关闭的，人们进出时，只能走此门两侧的侧门或通过垂花门两侧的抄手游廊
到达内院和各个房间，屏门的作用就是为屏挡视线而设。所以，垂花门的功能，更主
要地在于严格界分内外，旧时所谓妇女"大门不出，二门不迈"，即指家内女眷无事
不得出此二门（垂花门）而到外院，因外院倒座房是接待一般宾客之所及下人差役居
值处，内外有别，界限分明。如果是二进以上的院落，垂花门之前的院落，一般建有
屋宇式的过厅门或穿堂门等，而无论如何，垂花门都是内宅的标志，是限制来客及男
仆无事进入和禁止女眷家属抛头露面的内外界线。

　　当然，垂花门作为装饰性极强的一种门，应用范围很广，也用为与跨院、后院联
系的侧门，宫殿、寺观中也常见，特别是园林建筑中运用更多。一般的垂花门都是左
右二柱单开间，体量较大者也可做为三开间。但无论如何，垂花门没有作为外门即大
门使用的。

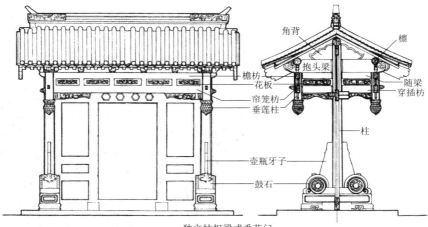

檐枋
花板
帘笼枋
垂莲柱

角背
檩
抱头梁
随梁
穿插枋
柱
壶瓶牙子
鼓石

独立柱担梁式垂花门

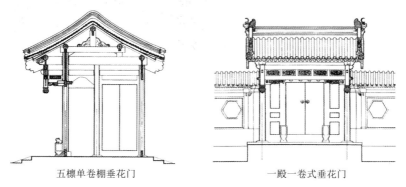

五檩单卷棚垂花门

一殿一卷式垂花门

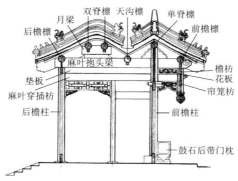

月梁　双脊檩　天沟檩　单脊檩　前檐檩
后檐檩
麻叶抱头梁
垫板
麻叶穿插枋
后檐柱
檐枋
花板
帘笼枋
前檐柱
鼓石后带门枕

一殿一卷式垂花门

各式垂花门构造示意

说明：上图中"五檩单卷棚垂花门"，梁架形式同于尖山顶，最上为单脊檩，通过屋顶瓦作处理为卷棚脊的形式，如是六檩单卷棚则最上为双脊檩。"一殿一卷式垂花门"，是由一个殿式顶亦即尖山顶和一个卷棚顶一前一后组合而成（勾连搭），前檐柱（相当于尖山顶的脊柱）以后构件与后檐通做。

屏门，除用在垂花门之后檐间外，亦可用于宅院内庭其他需要开门的地方，如大门后檐柱间、过厅门或穿堂门的明间后金柱之间以及院落侧门和庭院内的随墙门上，甚至可独立于院内而相当一座屏风或影壁，园林建筑中也多见。门扇可用两扇、四扇，门口形状亦有四方、六方、八方、圆形以及宝瓶、葫芦、长鼓等。六方、八方、圆形之类者，其门框、门扇可随门口形状，也可不随门口形状而使的内外立面完全不同，如从正面看门口呈六方、八方或圆形等，从背面看则是一组规整的四方形四扇屏门。由于屏

随墙月亮屏门

门的造型多种多样，有时几种不同式样的屏门同时使用在一组建筑中，就称为"什锦门"。

大门，是一座宅院建筑的门脸，是对外彰显主人身份地位的首要表征。抛开封建等级和经济能力的限制不论，人们居家住宅，对大门的建造，从方位到尺寸大小，从整体形制到详部制作，从用料做工到雕刻装饰，包括匾额楹联、石狮石鼓等大门的配置构件或设施，都十分讲究。或门楼高大，尽显庄重威严之气势；或朴素淡雅，蓄含平和内敛之精神。至于宅院之内的各种门制，也是形形色色，丰富多彩，体现着封建宗法伦理道德要求的同时，也反映了主人的文化学识和审美情趣。门，成为中国传统建筑文化中一道亮丽的风景。

# 五架屋诸式图

五架梁栟[1]，或使方梁[2]者，又有使界板[3]者。及又槽搭枓[4]、斗礤之类，在主人之所为也。

1. **五架梁栟**：梁栟，即梁拼，本当指拼合梁，但此处似以理解为动词"梁造"为宜，即泛指五架屋梁造做法。

2. **方梁**：明清时一般使用矩形或近方形断面的木料做梁，故此处称方梁。

3. **界板**：界，为江南地区对"步"或"步架"之称。界板，似是指穿斗构架的穿板。《鲁般营造正式》"五架屋诸式图"此处作"界梁"。

4. **槽搭栿**：义不明。古建筑中"槽"有多义。即使是对宋《营造法式》中的"槽"，当今学术界也存在两种不同的理解：一种认为槽是指殿堂由柱、额枋、斗栱（铺作）划分出来的空间之称；另一种认为槽是指垂直于斗栱出跳方向的一列斗栱的中心分位线，由于斗栱随柱列而分布，所以它实际也就是柱列分位。当然，一般使用的"槽"，还可理解为凿槽（榫卯）搭接。搭栿，疑相当于宋式之"劄牵"。清式廊步上的抱头梁（单步梁），宋式称为劄牵（劄为札之异体字），"劄"俗或写作形近之"搭（搭）"字。此言或指搭栿（劄牵）者，疑指五架屋加建前后廊。但此处槽搭栿当与斗磉相对，更可能是指不用斗栱只用凿槽（榫卯）方法将梁搭接在一起。

## 译 文

　　五架屋的梁造，或使用方梁，或使用界板（界梁）。至于是用槽搭栿还是用斗磉的方式进行搭接，则随主人之意。

# 五架后拖两架 [1]

　　五架屋后添两架，此正按古格，乃佳也。今时人唤做前浅后深之说，乃生生笑隐[2]，上吉也。如造正五架者，必是其基地如此。别有实格式，学者可验[3]之也。

1. **五架后拖两架**：在正五架后加出两架，似清式七檩正五架后出双步梁（廊）。《鲁班经》卷首附图作"五架后施两架"。《鲁般营造正式》插图作"五架屋拖后架"。

2. **生生笑隐**：生生，相当于"世世""代代"或"世世代代"，世代不绝、繁衍不已之意。笑隐，佛教禅师笑隐大欣（1284—1344 年），当时极受皇帝恩宠，后世将笑隐禅师奉为吉祥之神，此处以笑隐代表祥瑞、吉祥。"生生笑隐"为屋主世代生活吉祥之意。

**3. 验：**察看、验证。

## 译 文

　　在五架房屋后面添加两架，这正是遵循传统的规格方式，是很好的。现今人们将此形式称为前浅后深，其意味着屋主能够世代生活吉祥，是合宜的。如果建造正五架房屋，必定是因为房屋地基是这样的。另外还有别的（五架屋）实例格式，学习的人可以去验证考察。

《鲁班经》五架后施两架式图

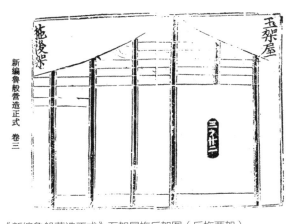

《新编鲁般营造正式》五架屋拖后架图（后拖两架）

# 正 七 架 格 式

　　正七架梁指及[1]七架屋川牌栟[2]，使斗礤或柱义桁[3]，并[4]由人造作，有图式可佳。

**1. 指及：**包括、以及。

**2. 川牌栟：**义不明。或推测川牌可能为梁架中的接点构件，形制不明。但从行文来看，"正七架梁指及七架屋川牌栟"用为主语，皆为梁架形式。清式之单步梁、抱头梁，江南称为川、廊川、界川、短川、眉川，明代称川或界梁。栟，当与前文同，为"拼"字异写，拼合、拼接之义，此可能是指七架屋前接一架即出一步廊的形式，或也可能是说七架屋之正梁和界梁都可以用拼合梁造形式。下文的"斗磉"和"柱义桁"则可能是梁架中的接点构件或接连方式。

3. **柱义桁**：或释同"柱叉桁"，但《鲁班经》所用繁体"義"字，与"叉"字形相去甚远，不应混同。文中"斗磉"与"柱义桁"对言并举，则它们当是功能性质类同的构件。如果前者解为梁架中所用斗栱形式搭接构件无误的话，则后者也当是一种梁架搭接方式。桁，清大式做法对檩之称，"柱义桁"似是以柱头直接承檩的方式，以区别于以柱头上以斗栱承檩的做法。

4. **并**：全，都。

## 译 文

正七架房屋的正梁和界梁都可以使用拼合梁造形式，梁架等结构的拼合连接，可以使用斗磉或者柱义桁，都根据主人意愿建造制作，有图样可以参照更好。

# 王府宫殿

　　凡做此殿，皇帝殿九丈五尺高，王府七丈高，飞檐找角[1]，不必再白[2]。重拖五架，前拖三架[3]，上截[4]升拱[5]、天花板。及地量至天花板，有五丈零三尺高，殿上柱头[6]七七四十九根，余外不必再记，随在加减[7]。中心两柱八角，为之天梁[8]辅佐。后无门[9]俱大厚板片，进金[10]上前无门，俱挂朱帘。左边立五官[11]，右边十二院，此与民间房屋同式，直出明律。门有七重，俱有殿名，不必载之。

1. **飞檐找角**：王府宫殿为歇山或庑殿顶建筑，屋顶有转角，转角处两面檐口平视并不是一条水平直线，而是往端渐向上翘起，这称为"起翘"；同时，檐口俯视也不是一条直线，而是往角端渐向外伸出，这称为"出翘"（或出冲、冲出）。屋角的起翘和出翘合称为"角翘"，檐椽之外还有飞椽，角部飞椽称为翘飞，整个角部就如"翼角飞翘"，亦即《鲁班经》所谓"飞檐找角"的做法。《绘图鲁班经》此处作"飞檐裁角"，当属一义。

2. **白**：陈述。

3. **重拖五架，前拖三架**："重"，其他译注本多释为"重要的"，虽义可通，但似不妥，文言少有这样的表达方式，这里应读为chóng，指重檐建筑，或者可于"重"后断读。本段虽然题以"王府宫殿"之名，实际内容大多说得是宫殿之制，如殿、斗栱、重檐，皆为皇家宫殿及坛庙寺观所专用，而王府不得用（可用形制较简单的斗栱）。重檐殿宇构架高深，正架可拖五架，前三后二。

4. **截**：当为"载"之误。载，为承载、承托之义。释为上段、上面部分亦通。

5. **升拱**：斗栱。宋称"铺作"，清称"斗栱"，明代又称"栱斗""升栱"。

6. **柱头**："头"或为衍字，或为俗语，柱头就是柱子。以故宫太和殿为例，殿内共用柱72根，与《鲁班经》49根之数差距太大；太和殿有部分柱子是砌于墙内不露明或半露明的，如果以其全部露明和大半露明的柱子计，则有48根，近于《鲁班经》49根之数。所以，这里不言"柱"而言"柱头"，也可能是指能够看得见的柱子。此外，《鲁班经》中的一些建筑尺寸数据，多是出于自己的学说需要，乖舛之处也不少，不必深究。

7. **加减**：此处行文虽用"加减"一词，但应偏于"减"字。前之"重"字无论是解为"重要的"还是"重檐"，这里所述建筑尺寸数据，无疑是按皇帝头等大殿的情况，其他情况只能随所在不同而会有减无增。

8. **天梁**：似指天花梁。

9. **无门**：同庑门。

10. **进金**：涂金。

11. **五官**：为"五宫"之误。此处的"五宫"与下文的"十二院"，代指王府宫殿主体建筑之外的配套建筑。

## 译 文

　　凡是建造这类宫殿屋宇，皇帝大殿九丈五尺高，王府大堂七丈高，做飞檐翘角，这些都不用多说。重檐殿宇，可拖五架，前拖三架，上面承托升拱、

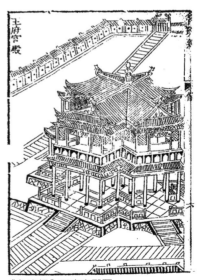

《鲁班经》王府宫殿图

天花板。从地面量到天花板共五丈三尺高，殿台上使用七七四十九根柱头，其余情况不必再记，根据具体情况加减。中间的两根立柱用八角形断面，作为天花梁的支撑。后庑门全用大厚木板制作，前庑门涂以金色，都挂红帘。在宫殿的左边设立五宫，在宫殿的右边建造十二院，它们与民间房屋样式相同。这些都出自明确的制度律例条文规定。门有七道，全部都有自己的宫殿名称，不必再作记载说明。

延伸阅读

### 中国古代建筑的屋顶

有句话叫"中国古代建筑，远看屋顶，近看斗栱"。屋顶是中国古代建筑最为突出和醒目的部分。那高大的比例、优美的曲线，配以生动的脊兽装饰，覆以金碧辉煌的琉璃瓦件，使得中国古代建筑的屋顶格外耀眼夺目，华美而不失端庄，稳重中透着轻灵，散射出独特的艺术魅力。

中国古代木结构建筑的屋顶，有五种常见的基本形式：硬山顶、悬山顶、歇山顶、庑殿顶、攒尖顶。一些更为复杂的屋顶形式，多是由这几种基本形式组合变化而成。硬山顶的屋面仅有前后两坡，左右两侧山墙与屋面边缘相交，并将山部一缝梁架外侧全部封砌在山墙之内，山面裸露向上，显得质朴刚硬，故名硬山。悬山顶也是前后两坡顶，与硬山的区别在于各道檩子不像硬山那样止于山面梁架并封在山墙内，而是继续伸出山面梁架以外一段距离，从而形成延伸悬挑出山墙以外的一段屋顶，故名悬山或挑山。硬山顶和悬山顶都有五条脊：一条正脊和四条垂脊。屋顶不同坡面的转折交界处或是屋顶的侧边是屋面防水的薄弱之处，需做特殊处理，用砖瓦覆叠拼砌形成凸起的带状，上施线脚和装饰，在满足防水要求的基础上，也成为中国古代建筑屋顶极具装饰性的部位，称为"脊"，脊上常有瓦作兽件装饰称为脊兽。硬山顶前后两坡在最高处交为正脊（也叫大脊），前后两坡与山面交为垂脊（在硬山及悬山顶也常称为排山脊）。庑殿顶俗称四坡顶，它是在前后两坡顶的基础上，从脊檩两端往两山的位置向外向下延伸出斜坡屋面，并与前后两坡相交，形成四面坡屋顶，其两山坡与前后坡的不同在于向上收聚为一点，即整体平面投影为三角形，而前后坡平面投影为矩形。庑殿顶也有五条脊，一条正脊和四条垂脊。歇山顶从外观可以看成是由悬山顶覆于庑

殿顶之上而成，也即是由一个悬山顶再向四面伸出坡面屋檐（一般外视，上面的悬山部分，常会给人以硬山顶的假象，这是因为歇山顶往往要做封山处理，即用砖垒砌山花或是用木板封挡起来，看上去就没有悬空之感了，但实际里面的梁架结构仍是悬山式的）。歇山顶除了具有悬山的正脊和四条垂脊外，还有下部四坡相交处的四条"戗脊"（其斜上与垂脊相交，如同从垂脊前段岔分出来的一条脊，故也称"岔脊"），以及两山坡面与上部山尖相交的两条"博脊"，所以歇山顶一共有十一条脊。攒尖顶已述于前文延伸阅读部分"中国古代建筑的亭和亭制源流"中。多角攒尖顶只有垂脊，没有正脊。上述几种屋顶的基本形式，在明清时期，庑殿顶是为皇家宫殿和庙宇正殿所专用的最高等级形式，硬山、悬山广泛应用于我国南北方民间住宅以及宫殿寺观中的配殿和附属房屋。而歇山顶虽然是仅次于庑殿顶的高级建筑形式，但基本不受社会阶层等级的限制，其屋面挺拔峻峭，四角起翘轻盈，既有庑殿顶建筑雄浑大度的气势，也有攒尖顶建筑俏丽活泼的风格，所以无论是帝王宫殿、权贵府邸、寺观庙宇还是普通民宅乃至城楼商铺等，都大量使用，尤其多用在园林建筑中，成为古建筑中最为多见、最富有变化情趣和艺术表现力的一种建筑形式。

　　无论是硬山、悬山还是歇山、庑殿以及攒尖顶建筑，其前后两坡都不是直坡，而是呈一种越往上越陡峭、越往下越和缓的凹曲面形式，反映在侧立面投影上就是一条凹曲线。建筑中相邻两檩的水平距离谓之步或步架，相邻两檩的垂直距离谓之举高。同一建筑中，除了檐步略大外，其余各步一般是相等的（也有步架不等即逐步递减的做法），而各檩举高则是逐步加大的（具体是通过逐架加高承檩瓜柱的长度来实现的），这样就使得架椽分位线呈一条从下往上角度（斜率）越来越大的折线，经过铺泥盖瓦后最终将屋面处理为越往上越陡峭、越往下越和缓的凹曲面形式，从而有利于将屋顶雨水呈抛物线的形式加速抛下远离檐口。这种做法在古建筑中叫作"举架"。庑殿和歇山以及多角攒尖顶建筑，还有另外的曲线形式。这些有转角的建筑，其转角部位两面檐口平视并不是一条水平直线，而是往角端渐向上翘起，称为"起翘"；同时，檐口俯视也不是一条直线，而是往角端渐向外伸出，称为"出翘"，可以将二者合称为"角翘"（具体是通过逐根抬高和加长近角部位的椽子来实现的）。这样，转角部分的屋檐如同鸟翼般张扬展开，故有"翼角"之称，更因附贴于檐椽上向外伸出反翘的飞椽而加大了起翘和出翘的程度，被生动地称为"翼角翘飞"。在宋式建筑中，不仅是在角上起翘，由于檐柱从当心间的两根平柱开始就向两侧逐根升高，从而使得整个

图文新解 **鲁班经** 建筑营造与家具器用

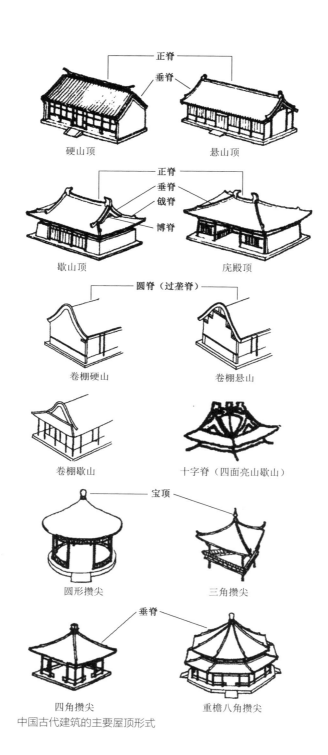

正脊

垂脊

硬山顶　　　　　　　悬山顶

正脊
垂脊
戗脊
博脊

歇山顶　　　　　　　庑殿顶

圆脊（过垄脊）

卷棚硬山　　　　　　卷棚悬山

卷棚歇山　　　十字脊（四面亮山歇山）

宝顶

圆形攒尖　　　　　　三角攒尖

垂脊

四角攒尖　　　　　重檐八角攒尖

中国古代建筑的主要屋顶形式

檐口呈一条凹曲线形式（此称为"生起"），而且与檐口生起相呼应，正脊也是生起的，同时每架檩木（宋式谓之槫）也是有生起的，加上举架（宋式称为举折）做法，就使整个屋顶呈纵横双曲面形式。明清北方官式建筑，除了在角上一间保留起翘做法（程度亦有所减弱）外，其他"生起"做法一律取消，而在南方地区仍有不同程度的继承，南方建筑的角翘程度也甚于北方，因而较之北方建筑角翘的和缓庄重而更显轻秀灵动之态，成为南方建筑的重要形象特征之一。

有正脊的屋顶，叫作正脊顶、大屋脊顶或尖山顶。与之相对，有圆脊顶，也叫圆山顶、卷棚顶，其前后坡在最高处是圆转过渡的形式，没有明确的交界线，可以视为无正脊或是圆脊，也叫元宝脊、罗锅脊、过垄脊等。圆脊之下的木架一般是使用两道平行的脊檩即双脊檩，双脊檩上架设的弓形椽叫作顶椽、罗锅椽、蝼蝈椽（蝼蝈应是罗锅之音变）等。但是，也有使用如尖山顶的单脊檩而通过屋面瓦作处理为圆脊即卷棚顶的。卷棚顶建筑，其举架、角翘等屋面曲线做法一如尖山顶。

除这些基本的单体建筑的屋顶形式外，还有各种组合屋顶或组合建筑形式。组合建筑屋顶，是指由不同平面的建筑组合为一座整体建筑，其屋顶组合与建筑平面组合同步进行；组合屋顶，是指建筑平面没有变化，也就是下部的构架形式不变，而只在上部屋顶作各组合变化（为了更便于区分，或者也可以把后者称为复合屋顶）。无论组合建筑屋顶还是复合屋顶，多以歇山顶为主体或组合单元。如所谓"十字脊"（由两个歇山顶十字相交而成）、"勾连搭"（两个或两个以上的屋顶不分主次地毗连搭接为同一建筑的屋顶）、"抱厦"（将一高一低、一大一小、一主一次两个屋顶毗连组合，小者谓之抱厦），都以歇山顶用得最多。抱厦可以前出一个，也可以前后左右四出，抱厦与主屋可以是同向平行，也可以纵横垂直。河北正定隆兴寺北宋建筑摩尼殿，主体殿身为重檐歇山顶，四面正中各加一座山面向前的单檐歇山顶抱厦。北京故宫城墙上的角楼，平面呈多角十字形，中心建筑四面各出重檐歇山顶抱厦一间，最上层屋顶在四角攒尖顶的四面坡上又加做歇山顶，成为四面亮山歇山顶，十字脊交叉处也即四角攒尖的尖顶处，立鎏金宝顶，结构精巧，形象秀美（详参后文延伸阅读部分"中国古代的角楼"及插图）。类似的歇山顶抱厦组合形式，在宋画中多见。

硬山、悬山、歇山、庑殿顶，都是在相同的长方形平面上，在基本一致的构架原则下，形成的四种最基本的屋顶形式，是中国古代建筑最常见、最规矩的做法。古代建筑行业习惯上将之作为官式建筑中的"正式"建筑，其他形式的建筑则笼统地称为"杂

河北正定县隆兴寺摩尼殿

北宋王希孟《千里江山图》（局部）

勾连搭卷棚歇山顶
中国古代建筑的组合屋顶数例

宋画中的滕王阁

宋画中的黄鹤楼

式"建筑。大式建筑这四种屋顶都可以用，小式建筑则只能用悬山和硬山顶。杂式建筑包括的范围很广，诸如垂花门、牌坊牌楼、游廊、钟鼓楼、仓库、戏台以及亭子等，在园林建筑或景观建筑中随处可见。组合式建筑特别是组合式屋顶，也常被视为杂式。正式与杂式，实际上含有常见与不常见之意。建筑群中的主要建筑一般都用正式，但也不乏例外，事实上正式与杂式很难绝对区分。如一般的攒尖顶亭子可以视为杂式，但重要的宫殿坛庙建筑也有用重檐攒尖顶的，则也可以视为正式。

## 中国古代建筑的斗栱

在中国古代较高等级建筑的屋檐之下，有一圈层木叠出挑檐的构件，这就是斗栱。斗栱是中国古代建筑所特有的构件，在历史上这种结构形制也传到日本、朝鲜，以及越南等国家。斗栱由斗和栱两种基本构件组成。栱是向前后左右伸展挑出的条木，迎面视之，向左右挑出的为横栱，向前后挑出的可统称为竖栱。因所有横栱和部分竖栱两端做卷杀处理成弯曲形状，略似弓形，故名。斗是承托搭嵌各层栱件的方形木块，上大下小，形如量米之斗，故名。最下有一个座斗做底座，斗上开十字口，搭嵌一层两道纵横交错的栱，栱上再置小斗，其上再搭嵌一层栱，如此层层搭嵌挑出，就组成了一组斗栱。除了转角处的斗栱外，一般斗栱的竖栱只有中心一列，而横栱还可以在中心的一排横栱里外挑出多排。除了最外和最里也是最上的一排只有一道横栱外，每一排横栱只以上下两道横栱相叠，下面的一道叫瓜栱，上面的一道叫万栱，又以所处的平面位置而有正心、外拽、里拽之分，最上一层为外拽和里拽厢栱。所有的横栱形状都相同而有长短之别，竖栱各有不同形制和名称。一般最下一道或两道竖栱向外挑出的部分形制可以与横栱相同，称为"翘"；翘上挑出一道竖栱，其前端做成长扁而尖斜下垂的形状，叫"昂"；昂上再出一道竖栱，头端雕成"蚂蚱头"式样，因以为称，也叫"耍头"。狭义上，斗栱的栱件只指横栱，而不包括翘、昂、耍头等竖向构件。每组斗栱之间，以通间长的枋木拉拽联络。

以上所述为清式斗栱的结构。清式斗栱每出一排横栱就视为出一"踩"，里外横栱排数加上正心的一排，为总踩数，因为里外是对称的，所以将外面的横栱排数乘以2再加1，就是这组斗栱的总踩数。每层里外两排横栱都是由其下的一道竖栱（广义）挑出的，而最上的耍头则不再挑出横栱，所以斗栱的踩数也就是翘数与昂数之和乘以2再加1。清式斗栱的叫法，就以翘数和昂数来定，称为"几翘几昂几踩"斗栱。

斗栱因所处位置的不同，可大致分为外檐斗栱和内檐斗栱两大类。凡处于建筑物檐下部位的，为外檐斗栱；使用在建筑物内部檩柱梁架之间的，为内檐斗栱。上面所述，是典型外檐斗栱的形式和结构，又叫"翘昂斗栱"。内檐斗栱一般较为简化。清式把斗栱根据其所处位置和功能的不同，称为"某某科"，如位于柱头之上的叫"柱头科"，位于柱头之间枋木上的叫"平身科"，位于转角柱头上的叫"角科"。柱头科与平身科形式基本相同，区别在于平身科的耍头被联系檐柱与金柱的挑尖梁头取代（大式建筑挑尖梁的位置和作用，相当于小式建筑中的抱头梁），并直接承檩，这个层次以上的横向栱件都做成"半幅"而插交于挑尖梁身两侧。当然，柱头科的用材也比平身科要大。角科处于建筑的转角位置，其前后和左右两个方向的构件互为横竖栱，同时还有沿角平分线挑出的斜向构件，所以它的结构最为复杂。在宋式中，把斗栱叫"铺作"，如清式柱头科、平身科、角科，宋式分称柱头铺作、补间铺作、转角铺作，其结构、部件名称以及出跳计算上也都与清式有所不同。此外，斗栱还可用在楼阁平座之下、天花藻井等部位，形式有繁有简，结构功能也各有差异。

斗栱的部分功能如下：第一，承挑出檐，在增加出檐深度、保证出檐安全方面起着重要作用。由于斗栱是层层叠木挑出的结构，其挑出的距离越大，建筑的出檐也就可以越深远，从而更有利于将屋顶雨水排泄得更远和更利于建筑的采光。第二，承递荷载。斗栱作为较大建筑物柱子与屋架之间的承上启下的过渡部分，承受上部的梁架、屋面的重量，并将其直接或间接传递到柱子上。第三，减少梁枋跨度。对于室内空间较大亦即柱间距较大的建筑，在缺少长木巨材的情况下，使用斗栱向室内挑出，就可以使上面搭架的梁枋跨度缩短。第四，封建社会后期，斗栱是等级制度在建筑上的主要标志之一。建筑物使用斗栱与否和施用斗栱的制式如何，直接体现着建筑的等级。斗栱一般使用在高等级的官式建筑上，至明清时期，几乎已为皇家宫殿和寺庙以及官方礼仪建筑所专用，私人府第仅王公一级可以使用一些较简单的斗栱。第五，富有装饰效果，是构成中国建筑艺术的重要因素。经过造型加工和色彩美化的斗栱，可以与西方古典建筑的柱头相媲美。第六，改进了梁架节点间的搭接状况，有利于分散和削弱剪力，增加建筑结构的弹性。建筑物上下构架之间的斗栱，层层叠木组成了一层富有弹性的结构层，就像一圈巨大的弹簧网，可以吸收纵横震动波，对增强建筑的抗震性能十分有利。

斗栱在古代不同时代有不同的形式和做法，体现着建筑技术和艺术的时代特征。总体来说，斗栱的发展演变，是结构由简单到复杂，层次由少到多，形体由大到小，排列由疏到密，总高降低，出跳减短，造型由雄伟到纤丽，由实用功能结构到装饰性构件。明清时期，由于柱梁搭接方式的改进，斗栱悬挑承重的结构功能几乎丧失，乃至很多斗栱已成为纯粹装饰性的构件。

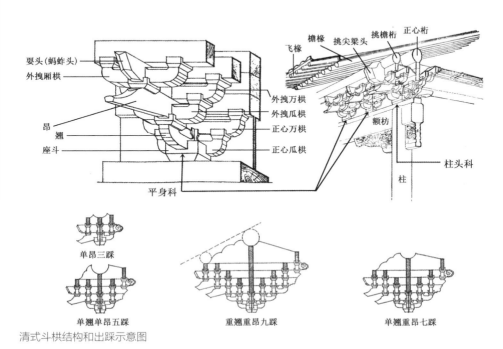

清式斗栱结构和出踩示意图

# 司天台[1] 式

　　此台在钦天监[2]左。下层土砖石之类，周围八八六十四丈阔，高三十三丈，下一十八层，上分三十三层，此应上观天文，下察地利。至上屋周围俱是冲天栏杆[3]，其木里方外圆，东西南北及中央立起五处旗杆，又按天牌[4]二十八面，写定二十八宿星主，上有天盘流转，各位星宿吉凶乾象[5]。台上又有冲天一直平盘，阔方圆一丈三尺、高七尺，下四平脚穿枋串进，中立圆木一根，閗[6]上平盘者，盘能转，钦天监官每看天文立于此处。

1. **司天台**：观察天象的高台。
2. **钦天监**：官署名，负责执掌天文、历法。
3. **冲天栏杆**：直棂较疏并出头很高的櫺子栏杆，便于观察日影天象。
4. **天牌**：天象仪器部件，共有二十八个面，按照顺序写清二十八个星宿的名称。
5. **乾象**：天象。
6. **閗**：通斗，为星名，二十八宿之一，亦泛指星。此处"斗"当是指刻有二十八星宿主的天牌，"斗上平盘者"是指天牌上能够旋转的平盘，也即钦天官观察天象时所站之处。

## 译 文

　　司天台设立在钦天监的左侧，下层用土和砖石等材料垒砌，每边宽八丈，周长共六十四丈，高三十三丈。下面的部分有十八层，上面的分为三十三层，相应向上观测天文、向下考察地理状况。到上面顶盖的四周都是冲天栏杆，所用的木料里方外圆。在东、西、南、北和中央五个方位竖立五根

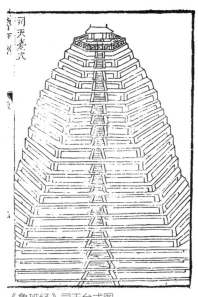

《鲁班经》司天台式图

旗杆。再依次在天牌的二十八个面上写好二十八星宿主，上面有流转的天盘，显示各个星宿的吉凶和天象。高台上面还有一个朝着天空的直平盘，平盘方圆一丈三尺，高七尺，平盘下面四个平脚用穿枋串联，中间竖立一根圆木，天牌上面的平盘能够旋转，钦天官就站在这里观测天文。

### 中国古代的天文台

司天监是古代的天文机构，专门负责监测天文、编制历书等事宜。为了观测天文，设有专门观测天文的设施，我国古代的天文台名称很多，有灵台、清台、候台、观象台、观景（影）台等，大体可统称为司天台或观象台。为了便于观测，天文台多设于地势较高的台地或山顶，有时也由人工构筑高台。

《诗经》中记载有为周文王所建的"灵台"，有人认为其可能在今陕西西安的长安区客省庄或户县秦渡镇，但尚未得到考古证实。洛阳汉魏城灵台遗址，是我国目前发现的最早的天文台遗址，发掘于 1974—1975 年。此灵台南北长 220 米，东西宽 200 米，总面积约 44000 平方米，中心建筑为一方形高台，夯土筑成。发掘时，台基南北残长约 41 米，东西宽约 31 米，高约 8 米。整个台基分为上下两层平台，下层台基的四周还筑有回廊，回廊外有鹅卵石铺成的散水，散水外还有砖砌的排水沟，台北正中有坡道通达上层平台；上层平台高出下层回廊约 1.86 米，中心为台顶，南北长 11.7 米，东西宽 8.5 米。根据文献记载，这座灵台始建于东汉光武帝中元元年（56 年），约毁于东晋。

今北京建国门立交桥西南角，尚存有始建于明正统年间的古观象台。该观象台最初称观星台，建于元大都城墙东南角楼旧址之上，台上设有浑仪、简仪、浑象等天文仪器，台下建有紫薇殿等附属建筑。清代将其更名为观象台，并先后监造增设了赤道经纬仪、黄道经纬仪、地平经仪、象限仪、纪限仪、天体仪、地平经纬仪和玑衡抚辰仪等八架天文仪器。八国联军侵入北京时，德、法两国曾将台上八架仪器和台下的浑仪、简仪掠走，后分别于 1902 年和 1921 年归还。

河南洛阳市东汉灵台遗址

北京明清观象台

# 装修 [1] 正厅

左右二边，四大孔水椹板 [2]。先量每孔多少高，带磉至一穿枋下 [3] 有多少尺寸，可分为上下一半。下水椹带腰枋，每矮九寸零三分，其腰枋只做九寸三分大 [4]。抱柱线平面九分，窄上五分 [5]，上起荷叶线，下起棋盘线 [6]，腰枋上面亦然。九分下起一寸四分，窄面五分 [7]。下贴地栿 [8] 贴仔 [9] 一寸三分厚。與 [10] 地栿盘 [11] 厚，中间分三孔或四孔。橄枋仔 [12] 方圆一寸六分，斗尖 [13] 一寸四分长。前楣后楣 [14] 比厅心 [15] 每要高七寸三分。房间光显冲栏 [16] 二尺四寸五分大。厅心门框一寸四分厚，二寸二分大，底 [17] 下 [18] 四片，或下六片，八寸要有零 [19]。子舍箱间 [20] 与厅心一同尺寸，切忌两样尺寸，人家不和。厅上前眉两孔做门 [21]，上截亮格，下截上行板 [22]，门框起聪管线 [23]，一寸四分大，一寸八分厚。

1. **装修**：详见下文延伸阅读部分"中国古代建筑的门窗装修"。
2. **水椹板**：义较难解。椹板本为剁砸或切割物体时衬在物体底下的案板、垫板之类，也叫砧板。宋《营造法式》中有"门砧"，清式谓之"门枕"，俗称门墩，是门之下槛（即地栿、门限）左右两端设置的石或木质的墩台，卡在下槛之下与其十字相交，起垫承固定下槛的作用，同时其在门槛内的部分上面开窝孔（称"海窝"）

以纳门扇转轴的下端，门槛外的部分可做雕饰。石质门墩多用于大门、墙门以及殿门，明清大门的此构件于外常做成抱鼓石。一般房屋槅扇门多用木质，外有雕饰为荷叶状者称"荷叶墩"。承纳门轴上端头的构件，于大门为"连楹"（也称"门拢""门龙"，附钉于大门中槛内侧，长随中槛，两端有孔纳门轴，固定连楹木与中槛的销木外端做为六角或八角形状称"门簪"，簪头正面常做雕刻或贴画吉祥花卉或字），于槅扇门为"荷叶拴斗"（详见下注13）。此所谓楛板，应即木质门砧（枕），而言"水"者，或是指一般厅堂房屋木质门砧不加雕饰的素平形式。一般厅堂每间安槅扇门四扇或六扇。四扇者，中间两扇为对开扇，两旁各一单开扇，单开扇与对开扇转轴相邻，转轴下的门枕一般整体连做；六扇者，为左中右三组对开扇，中间相邻转轴下门枕同样整体连做，而两侧边扇的门枕则是单独的（槅扇门上面也有做如通连楹的形式纳轴的，相应地，下面的门枕也或称为"楹"，单独的和连做的分别称为"单楹""连二楹"）。《鲁班经》此处所言"水楛板"，应即是门枕，言"左右二边，四大孔水楛板"者，所指似有两种可能：一是以六扇为代表，中间有两个连二楹，两边各一个单楹，一共是四个门枕，也就是"四个开有大孔的水楛板"；二是仅指连做门枕即连二楹，无论四扇还是六扇，都只两个（也可以视为一对）而有四孔，也就是"共开四大孔的两对水楛板"。连做门枕，应于其上开海窝两个，以纳两个轴头，实际上因为二轴紧邻，就常在上面连为一个长槽而只在下面略有错分窝眼。经文以"左右二边"与"四大孔水楛板"分言对举，似是以指后者的可能性较大，即指中间的连二楹。如果是这样，则无须区别四扇还是六扇，皆为"四大孔水楛板"。实际上，如果是开八扇槅扇，则于六扇之两侧再各加一单开扇，其下门枕与相邻六扇共用为连二楹，仍然是四个门枕，所以无论四扇、六扇还是八扇，都可以不管边上有无门枕的情况，只需从中间的门枕海窝起量尺寸就可以了。

3. **带礩至一穿枋下**：带，此处作附带、连着、一并的意思。枋，是用于柱头之间起拉结联系作用的横木构件。用于檐柱间的称檐枋，于大式带斗栱的建筑称为额枋，后者常做成上下两道。上面一道与柱头相平，断面较大，称大额枋，其除了联系檐柱外，还要承载檐下斗栱；下面一道断面较小，称小额枋，两枋间置较薄的由额垫板。门窗框架安装在檐柱之间（称"檐里安装"）的檐枋或小额枋之下。较大的建筑还可以将门窗安装在檐柱以里的一排金柱之间（称"金里安装"），从而使门窗之前形成前廊，此时门窗框架便置于金枋（如果是安于中柱间的大门，此枋也称中枋）之下或者因屋架较高而在金枋之下适当的位置加设一根枋木（称"棋枋"），作为门窗安装上限的辅助构件。棋枋之设一般多用于重檐建筑上檐承橡枋（相当于下檐的小额枋，因其是下檐檐橡尾端的支撑点而得名）之下。其下安装有门窗的金枋或棋枋，也都可以称为"内额枋"。《鲁班经》此处所谓"一穿枋"者，应当涵盖了上述各种情况，即其可以是檐枋、小额枋、金枋、棋枋等，当然也可以是指穿斗构架的最下一道穿枋。带磉至一穿枋下，应是从础石脚（亦即地平）算至此穿枋的下皮，为门之外框口的高度。

4. **下水椹带腰枋，每矮九寸零三分，其腰枋只做九寸三分大**：腰枋，正规大门的做法，抱柱（详见下注5）与内门框间尚有余地（这块余地的由来，可能有二：一是为使门内有回旋余地，向内启门后门扇可尽量向两边贴靠，方便通行；二是古人运用门光尺推算门宽尺寸，为了求得压白的吉利数字，通常会有"多余"的宽度），在这块余地间以腰枋两道来加强抱柱与门框的联系，腰枋与上下槛之间并腰枋间填封以"余塞板"。槅扇门没有"余塞"这一部分，每个门扇的左右两条竖边（称为大边或边梃）之间，以横木联系称为"抹头"（江南称"横头"），其最上外框称"上抹头"（宋式称上桯或上串），最下外框称"下抹头"（宋式称下桯或下串），中间的称"腰抹头"（宋式称腰串或抹腰）。因槅扇的高矮不同，抹头的使用数量有六抹、五抹、四抹、三抹等不同形式，六抹用于高大重要的殿堂，五抹、四抹用于普通宫殿庙宇以及王公贵宅邸，普通住宅多用四抹或三抹。三抹者，除上抹和下抹（也称顶抹和底抹）外，中间靠下部位增设一道腰抹，其与上抹之间为由棂条组成的透空格心（也称棂心、花心），作为裱糊纸（封建社会末期也安装玻璃）的骨架，其与下抹之间镶装实心木板称裙板。四抹者，中间设两道距离较窄的腰抹（双腰抹），双腰抹之间为实心绦环板，之上为格心，之下为裙板。五抹者，在四抹的下抹之上再增设一道下腰抹（其与下抹也合称为双底抹），其与下抹之间如中部双腰抹之间一样为绦环板，双腰抹和下腰抹之间为裙板，双腰抹之上为格心。六抹者，在五抹的上抹之下增设一道上腰抹（其与上抹也合称为双顶抹），其与上抹之间为绦环板，其余部位名称与五抹者同。结合下文来看，《鲁班经》这里的"腰枋"，可能是统指所有抹头形式而言。每，常常，经常，一般。此所谓"下水椹带腰枋，每矮九寸零三分，其腰枋只做九寸三分大"者，是指将门框外口高度分为上下两部分（不能理解为上下均分各半），下面的一部分就是水碊板到中部双腰枋（包括腰枋）以下的部分，这一部分较矮，其高度通常做成九寸零三分，而无论这一部分是否做成九寸三分（视具体情况当有所变通），中部双腰枋并下腰枋与下槛间的合计尺寸都只做成九寸三分高。

5. **抱柱线平面九分，窄上五分**：抱柱，也称抱框，是门窗框架的左右两条边木，紧贴柱子而立，其作用是为调整弥补门窗制作安装时有可能产生的误差以及因木柱上下柱径不同而产生的门窗与柱之间的空隙，使门窗安装得紧凑稳当。抱柱常以抹边装饰，也具有一定的装饰效果。此言"抱柱线"者，是因为抱柱贴立柱的一侧要随立柱身弧度做为内凹曲面，以便将立柱"抱住"，其尺寸按抱柱在柱身放线计算，放线的宽度就是抱柱的厚度，其底厚九分，上顶厚收为五分（因为柱身一般都有收分为下粗上细，故抱柱厚度亦随之有收分）。门窗槛框结构的图文详解，见下文延伸阅读部分"中国古代建筑的装修"中。

6. **上起荷叶线，下起棋盘线**：抱柱看面的装饰性线脚。

7. **九分下起一寸四分，窄面五分**：是指在抱柱九分厚的下脚之间做最下的抹头，高为一寸四分，窄面宽五分。抹头看面一般会有抹边做法，断面呈外窄里宽之形，故言"窄面"。

8. **地栿**：即下槛、门限。

9. **贴仔**：在建筑的门窗等框架内侧衬贴的边条木称为"仔"或"仔边"。这里的"贴仔"应指贴附于槅扇门下内侧的边木，其作用是作为闭门时的碰头和合缝回风。

10. **與**：即"与"，作为介词，在唐宋以来的文言中有"将""使"的意思。

11. **地栿盘**：地栿在地面以下的部分，内侧宽出地栿，上与地表平，其上开孔，可以在闭门后插入栓杆（闭门的竖向插销杆件，又称立闩、竖闩）。

12. **欹枋仔**：欹，或为"攲"的异体字，倾斜、倚靠之意。攲枋仔，应是贴于"一穿枋"内侧的横木，与门下地栿盘作用相同，插入闭门栓杆的上端。

13. **斗尖**："斗尖"，是宋式对攒尖顶的叫法，但这里显然不是。在小木作槅扇门上，有类似于大门上门簪的方形构件称为"栓斗"，其在门里的出头作为门轴上端的套件，在门外的出头常雕刻为荷叶斗状，因称"荷叶栓斗"。北方地区为了弥补槅扇门走风的缺陷，还在槅扇门外侧上部安装帘架，荷叶栓斗同时也是固定帘架的构件。《鲁班经》此处的"斗尖"，应即指此栓斗外露的长度。

14. **前楣后楣**：前后门楣。门楣，即门之中槛，无中槛者即是上槛，也称"门额"。

15. **厅心**：正厅前后中心，即脊檩下的位置。此处当是承前而省"楣"字，即指正厅中心的门楣。

16. **光显冲栏**：房间内部一般不设单独的栏杆，此栏杆所指可能有二：一是指设于门外廊檐下的坐凳栏杆，一般是前面或前后两面迎门窗而设，所以言"房间光显冲栏"，"光显"为光亮、显眼之意，"冲"为对着、朝向之意，意即开门窗的一面设栏杆。当然，如果厅堂四向设门，则可有周围廊及栏杆；二是指设于房间内的栏杆罩，多于进深方向安装，其大都有边框、立柱、上槛、中槛、横披窗。上部是横披窗，两侧是外边框，中间左右设两根立柱，横向共形成三段空间。中间两立柱间的空间略大于两侧空间，形成一个无门扇的"门"，上设花罩。在立柱与边框形成的两侧空间，下部安装木质寻杖栏杆，上部也安装花罩。这种罩与栏杆组合形成的罩，称为"栏杆罩"。"光显冲栏"如指前者，则"二尺四寸五分大"是言其高度，如指后者则是言罩之两侧下部栏杆的高度与宽度。似以后者的可能性较大，或者泛指二者也有可能。

17. **底**：此"底"字有些版本没有，可能为衍字。

18. **下**：此"下"做动词，为下料制作的意思。下四片，或下六片，指槅扇门门扇做成四扇、六扇。

19. **八寸要有零**：当为"尺寸要有零"之误。

20. **子舍箱间**：厢间，即厢房，相对于正房而言。"子舍箱间"系指子女所住的厢房。

21. **厅上前眉两孔做门**：前眉即前楣，此代指厅上前门。"两孔做门"者，指做成两对开门扇，即无论做成多少槅扇，只中间两扇对开为门。

22. **上截亮格，下截上行板**：上截亮格，指槅扇门上部的通透棂格部分；下截上行板，上为动词，为安上、装上之意，即在槅扇门的下部安装不通透的木板，宋称障水板，清称裙板，明代一般称平板。

23. **聪管线**：装饰性线条。

## 译 文

　　在正厅的左右两边之间，安设四个大孔的水椹板。先量出每孔水椹板的高度，再从础石脚算至上面第一根穿枋下皮，作为门框外口的高度。将门框外口高度分为上下两部分，下面的一部分就是水椹板到中部双腰枋（包括腰枋）以下的部分，这一部分较矮，其高度通常做成九寸零三分，而无论这一部分是否做成九寸三分，中部双腰枋并下腰枋与下槛间的合计尺寸都只做成九寸三分高。抱柱底部厚九分，上顶厚收为五分，抱柱看面上部装饰荷叶线，下部装饰棋盘线，腰枋上也是这样。抱柱九分厚的下脚之间做最下的抹头，高为一寸四分，窄面宽五分，下面紧贴下槛。槁扇门下内侧的边木厚一寸三分。将下槛地下宽面开三孔或四孔。紧贴第一根穿枋的横木一寸六分厚，栓斗外露长度一寸四分长。前后门楣一般比正厅中心的门楣高七寸三分。正厅中心的门框一寸四分厚，二寸二分宽，槁扇门下料做四扇或做六扇，尺寸要有零头。子女们所住的厢房与正厅中心的槁扇门使用相同的尺寸，一定忌讳使用两样尺寸，否则家庭会不和睦。厅上前门做成两对开的门扇，槁扇上部做通透亮格，下部安装不通透的木板，门框做聪管形式的木作线脚，宽一寸四分，厚一寸八分。

## 正堂装修

与正厅一同，上框门尺寸无二，但腰枋带下水棋[2]，比厅上尺寸每[1]矮一寸八分。若做一抹光水棋[2]，如上框门，做上截起棋盘线或荷叶线，平七分，窄面五分，上合角贴仔一寸二分厚，其别雷同。

1. **每**：一般。
2. **一抹光水棋**：似是指水棋板外侧与地栿齐平不外露也不做任何雕饰之意。

### 译 文

与正厅装修的做法相同，上部门框的尺寸没有区别，但腰枋到下面水棋的尺寸一般比厅屋中的矮一寸八分。如果制作一抹光水棋，与上面讲的框门做法一样，槁扇门上部装饰棋盘线或荷叶线，平面七分，窄面五分，上面合角贴仔边一寸二分厚，其他的做法几乎一样。

## 中国古代建筑的门窗装修

中国古代建筑的主体木构架是构成建筑的主要框架和承重结构部分，主要包括柱、梁、檩、枋等梁架结构组合构件，古代就把这些结构性构件称为"大木"，其制作组合的木工种与施工制度称为"大木作"，并将斗栱等梁架组合节点的辅助构件及椽望等屋面木基层部分也归入大木作。清式建筑中斗栱的结构性能已大为减弱，几乎变为纯装饰性的构件，但由于它是高等级建筑木作中最突出的标志性构件，并且形式制作比别的构件都要复杂得多，因此在清式中总体仍从属于大木作之下而又分出"斗栱作"。与"大木作"相对，上述主体结构之外不具结构作用的木构部分就称为"小木"，其制作安装的工种及施工制度称为"小木作"，包括门窗、室外挂落（楣子）和栏杆、室内隔断以及家具陈设等，这些木构可自由配置，其拆卸移动与建筑主体结构不发生任何影响，清式也称为"装修木作"，简称"装修作"或"装修"，江南地区称为"装折"。所有天花藻井一类，在宋式中归为小木作，清式中只将普通顶棚和木顶格等归入小木作，而殿堂的天花藻井则归为大木作，这也是因为其能强烈地体现建筑的尊贵等级。

中国古代建筑的装修按照位置的不同，分为外檐装修和内檐装修。外檐装修是指在建筑的外檐立面上可以看到的部位的装修，包括门、窗、楣子（挂落）、坐凳和栏杆等，也是建筑物内部与外部空间的隔断，除像墙壁一样起围护作用外，还具遮阳、采光、通风功能以及作为出入通道。内檐装修指用于室内的各种装修，包括分隔室内空间的各种隔断、天花顶棚以及一些家具陈设等。所有的装修，都有美化建筑、装点环境空间的作用。它们的制作和安装既需同建筑物的等级相一致，同时还要追求与环境相协调，也成为中国古代建筑极具特色的组成部分。这里我们主要谈谈《鲁班经》涉及较多的门窗装修。

明清房屋的门窗，最正统规矩的做法形式，是槅扇门窗。槅扇，又写作隔扇、槅扇，是一种安于柱间的比较通透的可拆卸移动的木框架。其形式和部分结构名称已见述于前文注释中。格心是槅扇的主要部分，一般要占到整个槅扇高度的五分之三。也可以是整个槅扇都由格心组成，亦即没有绦环板、裙板部分，则称为"落地明造"，多为二抹槅扇形式，也有三抹的。格心由棂条拼构成透空花纹图案，而绦环板和裙板部分也会有花纹雕饰。在槅扇一侧的边梃上附钉或上下两头加做转轴就成为可以转动启闭的槅扇门，一般是向里开启，也有向外开启的。槅扇门大都装于明间，较大的殿堂屋宇，如果是五开间或七开间的，其中间三间或五间安装槅扇门，或者通安。每个开间采取整间成对安装的方式，一般为四扇或六扇，大者可以为八扇、十扇。四扇者，中间两扇是对开扇，两侧各一单开扇。六扇者为三组对开扇，八扇者于中间三组六扇对开扇两侧再各加一单开扇，十扇者为五组对开扇。槅扇门要装于一个框架之内，这个框架就是槅扇的槛框，包括竖向的抱框（抱柱）和横向的下槛、上槛。上槛为门框最上紧贴"穿枋"的一道横木；下槛为门框最下贴地的一道横木，即所谓的门槛、门限，明代也称地栿。上下槛间安门扇。如是金里安装，门框高于檐里安装者，除上下槛外，通常还在上槛之下门框靠上部的位置增设一道横木称为中槛（也称挂空槛、门头枋），中槛与下槛间安门扇，中槛与上槛间安通透性的横披窗或是用于大门的非通透的可行雕绘装饰的走马板。横披窗以间柱（也称横披间框）分扇，其在一间的数量，一般比槅扇少一扇，如槅扇为四扇则横披为三扇，槅扇为六扇则横披为五扇。檐里安装，一般只有上下槛，无中槛，也无横披。上、中、下槛与抱柱共同构成门的稳固的大框架。上下槛两头都榫入柱身。中槛的做法有两种：一种是两端置于抱柱头上，如上下槛一样榫入左右柱身，横披左右的上中槛间另作短抱柱；另一种是中槛两端榫入抱柱，抱柱向上延长为短抱柱。

将槅扇形式用于窗上，下面落脚于槛墙或步廊的栏杆之上，就成为槅扇窗，也称槛窗。槅扇窗没有裙板部分，或也不设绦环板，其余一切构造、装饰及启闭方式都同于槅扇门。槅扇窗安装在槛墙之上（南方槛窗下常不设槛墙而用木板壁，也称裙板，但这种裙板常做成活动的，需要时可以提下，将厅堂变成敞口厅，故称提裙），其下槛较小而称为风槛（也称窗下槛），风槛之下并设榻板（窗台），之上槅扇部分有四抹、三抹、二抹等几种。每间槅扇窗随开间之广狭置有二扇、四扇、六扇等。

槅扇窗的优点在于，与槅扇门共用时可保持建筑物整个外貌的风格和谐统一，缺点是比较笨重，向内开启后占用室内空间（也有向外开启的，但又不便于关窗和在其外加装风窗等），实用功能差，所以这种窗多用于较隆重庄严的殿宇建筑，一般居住房屋是较少使用或较少全部使用槅扇窗的，而大量使用的是支摘窗。支摘窗做成上下两段，上段可以向上、向外支起（也有向内支的）称支窗，下段可以摘下称摘窗，合称支摘窗，江南地区称为"和（合）合窗"。支窗与摘窗部分的比例，在北方大多是1：1，

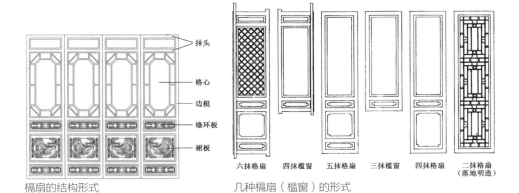

槅扇的结构形式

几种槅扇（槛窗）的形式

六抹格扇　四抹槛窗　五抹格扇　三抹槛窗　四抹格扇　二抹格扇（落地明造）

槅扇门、槛窗槛框结构部位名称

江南以2：1或3：1居多，但江南的支摘窗多有做成上、中、下三段的，一般下扇（或并上扇）为固定扇（可拆卸），上、中两扇或只中间一扇可向上支起。支摘窗的外形是横置的，下面无风槛，直接放在榻板上，主要构成部分有上槛、窗框、间柱（间框）等。民居房屋每间支摘窗以槛墙正中立间柱分为二樘者为多，当开间大、

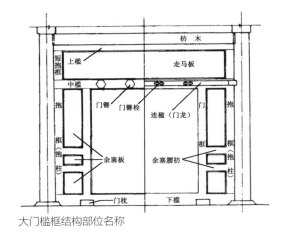

大门槛框结构部位名称

柱子又较高时，可以二根、三根间柱分窗扇为平排的三樘、四樘。在我国北方民居中，一般是明间安槅扇门，次间安支摘窗。支摘窗也可以与门（一般为单扇门）在一间中配合使用，成为夹门窗的形式。还有在一间中支摘窗与槅扇窗配合使用的，一般是中间支摘窗两侧夹以单扇槅扇窗的形式，其槅扇窗称为耳窗，二十世纪七十年代冀北农村尚可见此种窗式。

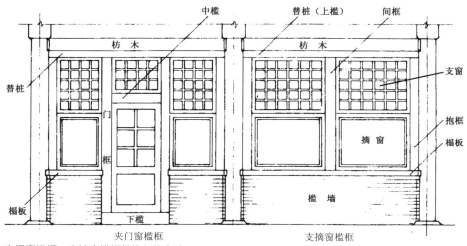

夹门窗槛框、支摘窗槛框结构部位名称

门窗格心棂条可以拼组成丰富多彩的图案纹饰（统称"窗棂"或"窗花"），其花样变化无穷，不可胜数。可以大分为菱花、方格和棂条三类。菱花类是最高级的槅扇心做法，其实际上也是由棂条拼组而成的，只是看起来空少实多，图案显得繁密华丽，就像一朵朵小花均匀地分布于格心。菱花的具体形式多样，以双交四椀和三交六椀菱花最为常见（也称双交四梳和三交六梳菱花）。双交四椀菱花是由两根棂条垂直相交，棂条上锯制雕饰花叶梗，组成一个四瓣菱花的形式，连续重复满布于格心。又分正交、斜交两种，棂条分别与四周边框平行或垂直的为正交，棂条与边框呈45°角相交的为斜交；三交六椀菱花是由三根棂条呈60°角相交，棂条上锯雕花叶梗，组成一个六瓣菱花的形式，连续重复满布格心。也分正交和斜交，有一根上下竖直棂条的为正交，有一根左右水平棂条的为斜交。以双交四椀和三交六椀为主体，可以附贴各种花饰小木以及嵌带穿插斜直或圆弧形小棂条，从而形成各种互相嵌错穿插的繁复变化的菱花纹样，如带毬纹（满天星）、橄榄、艾叶等。白球纹菱花，则是由圆弧形棂条交为四瓣花叶的形式，同时圆形互相套叠，每个圆形内又形成一个四出角的方孔，很像是古代的圆形方孔铜钱，所以又称古老钱或钱纹菱花。菱花心亦即棂条的相交点上，钉圆形或梅花形的铜质乃至鎏金的菱花帽，可以起到牢固棂条以防变形的作用，同时也是美化装饰。红色的支条，金色的钉帽，衬以白底棱线，显得极其华丽高贵。所以菱花格心只用于皇家建筑和一些寺庙殿宇的槅扇门窗上，小式建筑及无斗栱的一般建筑是不能使用的。

　　方格是由棂条垂直相交成一个个小正方形，密集满布于格心，棂条上面不加任何雕饰。棂条与边框垂直平行者为正方格，棂条与边框交为45°角者为斜方格。这种格心没有等级限制，从皇家宫殿的配殿到一般民宅都可以使用。其图案整齐划一，也显

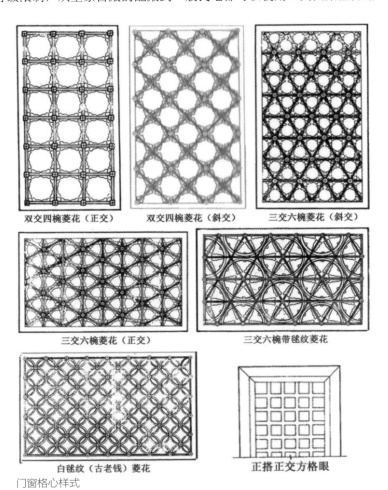

双交四椀菱花（正交）　　　双交四椀菱花（斜交）　　　三交六椀菱花（斜交）

三交六椀菱花（正交）　　　　　三交六椀带毬纹菱花

白毬纹（古老钱）菱花　　　　正搭正交方格眼

门窗格心样式

得比较庄重，但未免过于单调呆板，所以除了官署、寺观以及民间的一些礼仪性公共建筑外，在包括官僚贵族府邸在内的民居住宅的主体槅扇上是很少用的。民宅，包括皇家生活起居之所，使用更多的是图案富于变化、情趣盎然的棂条类格心。所谓棂条类格心，是指以斜直棂条组成的比较疏朗的图案形式，其空多实少，大小建筑都可使用，虽做法较为简洁，但图案丰富多样，具有强烈的装饰艺术效果。

常见的官式式样如步步锦（紧）、灯笼框、龟背锦、拐子锦、冰裂纹、卍字纹、亚字纹、回字纹、盘肠（长）、套方、一马（码）三箭等多种几何图案以及海棠花（马蹄云）等少数抽象花卉纹样，除了"一马三箭"式多为不可启闭的固定直棂窗外（在主体直棂的上中下部位再加三组横棂，每组横棂三根。其简化形式只在中部加装一组三根横棂者，也谓之"三马一箭"），大多数图案纹样是为槅扇门窗和支摘窗所通用的，并且也为挂落、栏杆、罩等室内外装修所用。

民居中以步步锦和灯笼框用得最多。步步锦是由长短不一的横竖棂条按规律连接排列组合成回纹圈套的一种图案，取名有"步步升高，前程似锦"的寓意，其构图特征，多是从外围向中心，主体长棂的长度同向逐根缩短，内外长棂之间、长棂与边框之间以短棂或工字、卧蚕等花式小木连接支撑。构成的空格档，由外至内，看长棂格是逐档缩短，看短棂格是档数逐渐减少，从而形成一种"步步紧缩"之态，故又名"步步紧"。灯笼框的基本图案特征是中心为一个由上下左右不到边的棂条围成的较大面积的空框，框角可圆可方，形似古代灯笼，故名，也有"前途光明"的寓意。如果中心框的内外还结合有较密的其他形式的棂条图案，或者是由两个或两个以上的"灯笼"缀连组合，则称为"灯笼锦"。中心框与四周外棂木、边框之间以团花、卡子花连接支撑，最简单的是中间或横或竖的长方框与边框之间以短棂连接（称为"夹杆条"），实际上也可视为灯笼框的一种。冰裂纹，是将棂条以不同角度无规则"散乱"拼接，形成类似于冰面冻裂的图案。万字纹，是做成以若干"卍"字形为主，进行连接而成的图案。卍，原本是古代的一种巫术符咒和宗教标志，其起源和原始意义均十分神秘，说法不一，一般认为是太阳或火的象征。最早的"卍"字符号在古印度、古希腊及波斯均有发现，先后被印度教、耆那教、佛教等所使用，其中又以佛教的"卍"字纹最具影响，被认为是佛祖释迦牟尼胸前的一种图文。佛教传入我国后，这一图案逐渐被赋予"吉祥云海""万福万寿"连绵不断的寓意，唐代时将其音读为"万"，并逐渐演变为我国传统吉祥纹饰，广泛使用在布帛、建筑和家具等的图案装饰上。龟背锦，主要是由多个六角或八角形连接或套叠组合在一起的图案，有似乌龟背壳的花纹，故名，象征长寿吉祥。盘长（盘肠），本为佛家八宝之一，也演变为我国传统吉祥图案之一，是将棂条斜向交叉拼接成回环往复缠绕的斜井图案，寓意"回环贯彻，一切通明"。拐子锦，是将棂条拼接成直角拐弯的花形图案。

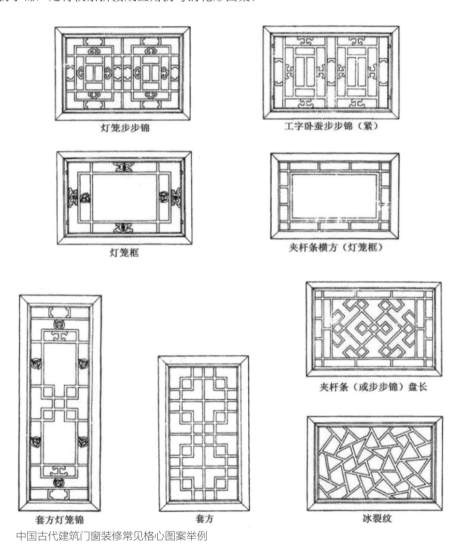

灯笼步步锦　　　　　　　　工字卧蚕步步锦（紧）

灯笼框　　　　　　　　夹杆条横方（灯笼框）

夹杆条（或步步锦）盘长

套方灯笼锦　　　　套方　　　　冰裂纹

中国古代建筑门窗装修常见格心图案举例

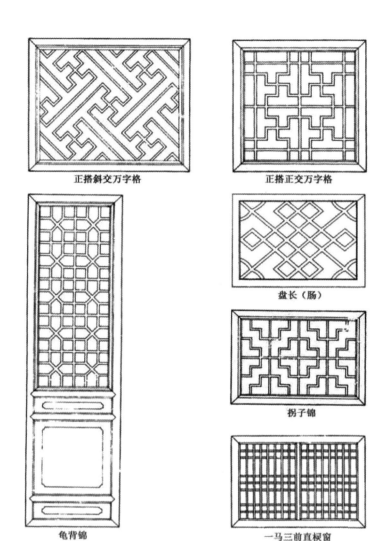

正搭斜交万字格　　　　正搭正交万字格

盘长（肠）

拐子锦

龟背锦　　　　一马三前直棂窗

续中国古代建筑门窗装修常见格心图案举例

　　上述各种棂条类格心，在棂条空档过大之处常又加以三角、菱形、套方、工字、卧蚕、卷草、团花、蝙蝠等各种几何形状和动植物图案的卡子花，除具有装饰作用外，还能增加棂条的整体强度。江浙一带、云南大理和剑川以及山西晋城、高平等地所见更加自由随意，常有整个格心镂空雕满飞凤、花鸟、人物故事等复杂内容的，实是装饰在格心内的一幅幅精美生动的木雕工艺品。当然，槅扇门裙板和绦环板上的雕刻或彩画也是很丰富多彩的。

　　各类门窗，大都是糊纸，讲究的做两层糊纱绢，清代中叶以后开始使用玻璃，晚清以来一般民居支摘窗的下段摘窗也多装上玻璃，上段支窗仍糊纸。

　　槅扇集遮挡围护、采光通风、出入观景等功能于一体，可以说既是围墙也是门窗，迥异于西方砖石建筑于墙上开门窗的固定呆板，槅扇启闭自如，装卸方便，呈自由灵活、玲珑剔透、丰富多彩之貌，具有极强的装饰性，成为体现中国古代建筑特色的又一重要因子。

　　虽然在五代甚或唐末就已出现了槅扇门（之前为实心的板门），不过宋辽金元时期的窗仍以传统的不可启闭的直棂窗为主，直到明清时期槅扇窗才普及开来，并且槅扇也被用于室内空间的隔断。这样，从整体外观到居室内部，槅扇装修对建筑都产生了极大的艺术影响，殿堂的华美壮丽，居室的淡雅素洁，都和门窗槅扇的棂条繁简、花饰题材有着密切的关联。

　　槅扇也用于室内隔断。隔断是室内不同用途空间间隔设施的统称。除了以实体墙壁作隔断外，在唐以前的宫殿贵宦宅第内一直是以锦绣帷帐分隔室内空间的，后世以小木作为之，作为各种装饰性极强的间隔物，如半隔断的可随意开合的格门，半作隔断半作家具的书架、博古架，隔而不断或仅作室内空间区划标志的各种式样的罩等。这些隔断多为木制，常以高级的硬木制作，做工讲究，上有精美的雕刻和字画，又成为室内重要的艺术陈列品，同样是中国古代建筑富有民族特色的重要组成部分。室内槅扇通常安于进深方向的柱间，既有整樘安装的，也有局部安装的。每樘槅扇少的有四扇，多的有八扇、十扇、十二扇等，一般中间两扇可以启闭，其余为固定扇。室内槅扇的做法构造基本同于外檐槅扇，但所用木料较高级，做工也比外檐槅扇精巧纤细。格心一般不用菱花，多用透空面积较大的棂格形式，尤其是仔屉为夹樘做法（俗称两面夹纱）的，多做灯笼框，夹糊各种纱绫，纱上绘画题诗，极富情趣，雅称"碧纱橱"。裙板、绦环板都雕刻有精致的纹样。把裙板、绦环板等实心部分也做成透空的棂条，即成"落地明造"做法，但此于官式建筑中不常用。横披部分有的做成横披窗，有的用整樘字画作为装饰。更讲究的还在格门上面嵌以玉石或珐琅等。

　　中国古代建筑的装修，从外檐的门窗、楣子、栏杆，到室内的隔断、家具陈设等，从形式到题材，乃至各种精巧装饰，类型繁多，内容丰富，可以说小小的家居世界，折射着多彩的社会生活和深厚的文化内涵，并表现出不同时期、不同地域的民族民俗文化和艺术风格。明清是我国传统建筑"装修"发展的高峰和集大成时期，各种装修具有很高的观赏性和艺术价值。

# 寺观庵堂庙宇式

架学[1]造寺观等，行人门[2]，身带斧器，从后正龙[3]而入，立在乾位[4]，见本家人[5]出方动手。左手执六尺[6]，右手拿斧。先量正柱[7]，次首[8]左边转身柱[9]，再量直出山门外止[10]。叫夥[11]同人，起手右边上一抱柱，次后不论[12]。大殿中间[13]，无水椹，或栏杆斜格[14]，必用粗大，每算正数[15]，不可有零。前栏杆三尺六寸高，以应天星[16]。或门及抱柱，各样要算七十二地星。庵堂庙宇中间水椹板，比人家水椹每矮一寸八分，起线抱柱尺寸一同，已载在前，不白，或做门，或亮格，尺寸俱矮一寸八分。厅上宝桌[17]三尺六寸高，每与转身柱一般长，深四尺，面前叠方[18]三层，每退黑[19]一寸八分，荷叶线下两层花板[20]，每孔要分成双下脚[21]，或雕狮象挖脚[22]，或做贴梢[23]，用二寸半厚。记此。

按：本段叙述在修建寺观庙宇建筑时所应注意的事项和方式，多有迷信内容，因与一些具体建筑术语、方法夹杂在一起，不好拆分，为保持原有内容的完整性和便于理解，照录注译，读者可不必理会。下段"装修祠堂式"也是同样情况，不再说明。

1. **架学**："架"为建造、搭建之意，"学"是学问、方法的意思，"架学"指建造的学问、方法。

2. **行人门**：占卜术语，命盘中的寅宫称为"人门"。另外，古人迷信，有时会对出入的时间、远近、路线进行占卜，这里指工人按照合适的路线、方位等进入修建庙宇的场所。另有人将"行人门"译为"工匠门"，似嫌太过直白。庵堂庙宇乃佛家清静修行之所，所以才特地提到工匠带着斧这样的凶利之器，要选择一定的路线方位进入，避免犯冲。

3. **正龙**：又称干龙、正干，指大龙脉的主干。为风水迷信说法。

4. **乾位**：亦称乾、乾方，是八卦定位方法中的方位名，指西北方。

5. **本家人**：同宗族的人称为本家或本家人。此处讲建造庙宇，可能当时民间营建寺院观堂时，由宗族内推选出主事人，文中的"本家人"或即是指此类人，可理解为主事人。

6. **六尺**：代指建筑用尺。古代有关建筑营造的尺寸度量的工具，主要常用者除《鲁班经》提到的营造尺、鲁班尺（门光尺）、曲尺、压白尺外，还有六方尺、八方尺，是对多角形木构件（主要是六角形和八角形的梁）放线施工所用的木工尺，合为六数。当然，也可能还有其他并不常用者，可以此六数泛指。

7. **正柱**：有多义。正式建筑中，常指方形的栏杆望柱，或正中入口两侧的望柱；民间建筑中，也将房屋正中一排承重柱称为正柱，如南方某些地区的房屋中，习惯将正中立柱称为正柱，正柱两侧的称为副柱，最外侧的称为檐柱。从《鲁班经》此段文字来看，此正柱与下文的转身柱可能都是大殿内佛像前的围栏立柱，并非建筑物的承重柱，属于附属设施，为小木作范畴。

8. **次首**："次"为第二、居其次，"次首"为次于第一的意思，即第二个，前文讲先量正柱，接下来量左边的转身柱。

9. **转身柱**：当为大殿佛像前栏杆的转角望柱。

10. **量直出山门外止**：山门，寺观建筑院落的大门。这里是讲寺观建筑的装修测量计算，首先从殿内佛像周围的栏杆起，依次从里向外，一直到山门，包括所有建筑的门窗、栏杆等一应装修木作，量定大小尺寸，统一估算工料。

11. **夥**：同"伙"。

12. **次后不论**："次后"即此后，"不论"为不讲的意思。"此后不论"是因为做门的方法在上文中已经提过，所以此处讲安门的程序只讲到做抱柱即可。有人将其理解为"稍微靠后一点也没关系"，当是误解，寺庙观堂的营建和装修要求十分严格，安门的抱框时似不会允许"稍微靠后"的情况。

13. **中间**：指殿堂之中、之内。

14. **栏杆斜格**：栏杆是具有维护、隔挡和装饰作用的建筑配属构造，材质有木、石、砖等。屋内以及屋外廊檐之下一般使用木栏杆，更重在其强烈的装饰效果。因宗教像设和活动的需要，寺观大殿之内是一个宽敞的整体空间，一般不使用槅扇门窗一类，故言"无水槎"，亦即指代无门窗槅扇。如需分隔活动空间，就使用栏杆，言"或"者，亦非必设，或有或无之意。栏杆斜格，可能是勾片栏杆一类的样式，在扶手下的卧棂与间柱之间由多段直角棂条组成大小斜格栏心图案，其简洁明快，轻盈通透，在保证一定装饰效果的同时，又不致图案太过繁缛琐碎而显得与佛殿的神圣庄严气氛不容。此栏杆要用相对粗大一些的木料，尺寸也要用整数。有人将此处断读为"大殿中间，无水椹或栏杆斜格"，则"必用粗大"句无主语，难通，且与上下文意扞格。

15. **正数**：整数。

16. **天星**：即三十六天罡星，下文的"地星"为七十二地煞星。此处讲装修时用料尺寸要应合天罡星和地煞星。在不同的风水学说中，对天罡星的解释有差异，皆为迷信之说，不必理会。

17. **宝桌**：指佛殿等建筑中的方桌，皇帝金殿上所用方桌也称为宝桌。

18. **叠方**：即叠枋，为上下叠置的枋木，在古建和家具中均有运用。

19. **退黑**：即退墨。墨是墨线，退墨为木工用语，指向后移动墨线，为减少尺寸之义。

20. **花板**：明清家具术语，指木雕花板，多用于门板、栏杆等，镂空或雕刻图案。木雕花板在古建装饰中也有运用，常见于垂花门、牌楼等建筑上。

21. **每孔要成双下脚**：此类宝桌，往往由正面及侧面的花板两端自然延伸为下脚，双脚间上方的花板底边应是一道尖拱形或花边弧曲线形式，所以才能言"孔"。

22. **抠脚**：抠同"拖"，拖脚为明清家具术语，指桌案的两足不装入托子（足端着地的横木），而在下档下面设一块牙头着地的"门"形牙板。

23. **贴梢**：家具下脚的一种做法，当是指在足下贴附木片。

## 译 文

建造方法中，营建寺院道观等建筑，按照事先测定的合适的路线方位，随身携带斧子等器具，从后面沿着大龙脉主干进入施工场地，站在西北乾位的方位，等见到主事人出来后，才动手开始工作。左手拿着各种尺子，右手拿着斧子。首先测量正柱，其次测量左边的转身柱，之后一直测量到山门外为止。测量完成后，叫上一起工作的伙伴，开始从右边开始安装第一根抱柱，门的具体做法在后面就不再多讲了。大殿之内不用槅扇之类，有的地方使用栏杆斜格，制作时必须使用粗大的木料，尺寸一般

《鲁班经》庵堂庙宇图

情况下为整数，不可以有零头。前栏杆三尺六寸高，以对应三十六天罡星。安门和抱柱的地方，门与抱柱各种尺寸对应七十二地煞星。庵堂庙宇明间房门所用的水椹板，一般要比民宅的水椹板矮一寸八分，画线作抱柱的尺寸与民房相同，前文已有记载，于此不再说明，无论做门还是做亮格窗，规格均比民房所用矮一寸八分。正厅所放的宝桌三尺六寸高，一般与转身柱一样高，桌面宽四尺，前出三层叠枋，从上至下每一层向内收进一寸八分，荷叶线下面使用两层花板，每孔两侧花板自然下垂延伸为双腿，可以做成雕狮象纹的拖脚，也可以做贴梢，尺寸选用两寸半厚。要牢记这些内容。

# 装 修 祠 堂 式

　　凡做祠宇[1]为之家庙[2]，前三门[3]，次东西走马廊[4]，又次之大厅，厅之后明楼[5]、茶亭[6]，亭之后即寝堂[7]。若装修，自三门做起，至内堂止。中门[8]开四尺六寸二分阔，一丈三尺三分高，阔合得长天尺[9]方在义官位上。有等说[10]官字上不好安门，此是祠堂，起不得官义二字，用此二字，子孙方有发达荣耀。两边耳门[11]三尺六寸四分阔，九尺七寸高大，吉财二字上，此合天星吉地德星[12]，况中门两边，俱合格式。家庙不比寻常人家，子弟[13]贤否，都在此处种秀[14]。又且[15]寝堂及厅、两廊至三门，只可步步高[16]，儿孙方有尊卑，毋小欺大之故。做者深详记之。

　　装修三门，水椹城板[17]下量起，直至一穿[18]上，平分上下一半，两边演开[19]八字，水椹亦然。如是大门二寸三分厚，每片用三个暗串[20]，其门笋[21]要圆，门斗[22]要扁。此开门方向为吉。两廊不用装架[23]。厅中心四大孔水椹，上下平分，下截每矮七寸正。抱柱三寸六分大，上截起荷叶线，下或一抹光。或斗尖的[24]，此尺寸在前可观。厅心门不可做四片，要做六片吉。两边房间及耳房，可做大孔田字格[25]或窗齿[26]可合式。其门后楣要留，进退有式[27]。明楼不须架修[28]。其寝堂中心不用做门，下做水椹带地栿，三尺五高，上分五孔，做田字格，此要做活的[29]，内奉神主祖先，春秋祭祀，拿得下来。两边水椹，前有尺寸，不必再白。又前楣做亮格门，抱柱下马蹄抱住[30]，此亦用活的。后学观此，谨宜详察，不可有误。

1. **祠宇**：祠堂。

2. **家庙**：祖庙。一般来说，祠堂为供奉宗族祖先的神庙，家庙为供奉家庭或家族祖先的神庙。封建宗法社会，立宗分族，各由宗子（嫡长子）继承祭祀权利，主持立庙祭祖活动，由家庭而家族而宗族，由家庙而宗祠，家庙与宗祠可以合一，只是适用范围大小有所不同，世俗指称常互代无别。《鲁班经》此处虽有两称，实则作为一类。

3. **三门**：此处指祠堂正门，分为左中右三门，即中门与两侧耳门。

4. **走马廊**：又称为"走马转角廊"，在合院式庭院四周，建有相互连通的较为宽敞的内回廊，多见于南方建筑中。

5. **明楼**：在中国古代建筑中，"明楼"一称有多义。明清帝王陵墓，地下灵柩寝处曰地宫，上堆封土曰宝顶，围以墙垣曰宝城，宝城前上建"方城明楼"，其下为砖石砌方形墩台曰方城，上覆重檐歇山顶曰明楼。明楼也为方城明楼之总称，方城四面各辟券门，券拱内通交顶，中立石碑书刻所葬帝王庙谥之号，故亦称碑楼（清代有些后陵也设明楼）。民间乡居常建村寨或宅院的守卫碉楼，下为暗层，上部作瞭望警视，其形制在不同地域有不同特色，既可为平台矮墙雉堞形，也可做柱廊悬挑屋顶式，乃至近代还有融合西方古典建筑样式者，一般其上部也都可称明楼。纳西族的二层民居，为一种无外廊的木构建筑，也称为明楼。有些禅宗寺院的僧堂比较深大，又前有外堂，堂内昏暗，乃于堂前外堂之间，架高楼开窗取明，也叫明楼。牌楼的明间顶层屋檐，也称明楼，是牌楼最高和最突出的部分。综合来看，这些"明楼"之称都是从建于高处明亮的意思而来，除了方城明楼及牌楼明楼外，其他似并非专称，属于一种约定俗成的叫法。《鲁班经》此处的祠堂明楼，可能与上述寺院中的明堂之设类似，或也是大型祠堂中的标志性建筑。

6. **茶亭**：祠堂中所建的在举行祭祖、议事等活动时为族人提供茶水和休憩之所的亭类建筑。

7. **寝堂**：祠堂中的主体建筑，供奉家族祖先灵位。

8. **中门**：即处于三门中间的门。

9. **长天尺**：古代存在较多的风水尺。在南方地区见有明代的量天铜尺，系由隋唐时期的小尺发展而来，主要用于辅助天文测量，一些古建筑也用量天尺规划、修建。《鲁班经》此处的"长天尺"，可能即量天尺或是由量天尺演变而来的一种风水尺。

10. **有等说**：等，意为种、类。"有等说"是有种说法的意思。

11. **耳门**：大门两侧的小门，此处指三门中的两侧小门。

12. **天星吉地德星**：此处经文较诘屈，或有倒错衍误，有人认为是天德、地德吉星，如直解似亦可理解为天星中吉利的地德星。总之，此为迷信内容，不必理会。

13. **子弟**：泛指家族子孙后代。

14. **种秀**：播种，散布，此处为孕育萌发的意思。

15. **又且**：而且。

16. **步步高**：祠堂建筑台基应是从外向里，即经由三门、走廊、大厅到寝堂逐渐递进升高的，至供祖先牌位的主体建筑寝堂台基最高，而《鲁班经》这里言"寝堂及厅、两廊至三门，只可步步高"的顺序正好相反，其是倒指或泛言，不可理解为顺指的次序。

17. **水椹城板**：义不明。"城"或为"盛"或"撑"之音讹，似是一种水椹板两侧的辅助支撑构件，故言"两边演开八字"，或为祠堂三门所独有。

18. **一穿**：同上文"一穿枋"。

19. **演开**：延展、摆开。

20. **暗串**：门背面加固门板的枋木。大门门扇以厚木板拼合而成，板与板间除以企口缝或龙凤榫拼接外，还要使用串带，也作穿带。有明带和暗带两种做法：明带做法是在板背做槽插入带木，将门板销固；讲究的则是暗带做法，亦称抄手带，即在板侧凿孔，以斜角对开之带木从左右插入，把门板穿串在一起，这样门板内外两面都是光滑平整的。祠堂为讲究建筑，自当用暗串做法。用三个暗串，即用暗串三道。

21. **门笋**：即门楗，也就是门栓（闩）。门栓的设置有横竖两种。竖栓的使用方法已见前文注中。横栓，又分通长的横关和短闩两种，大门两者都有使用，槅扇门上一般只用短栓，后者又叫插关，宋式称为手栓，在门背合扇边梃两侧的腰抹上下各设一个竖向的套件，外轮廓一般作三段曲线，中部隆起，侧立面中间开孔眼，以便插入手栓，此构件名为"伏兔"。一般门栓指插关横木与伏兔整体而言。

22. **门斗**：在北方冬天寒冷地区，常在建筑物或房间入口处设置的一个必经的小间，起分隔、挡风、避光、隔音等缓冲作用，此类设施多设于房门，大门基本不用。结合经文来看，此处所讲为祠堂大门做法，如此做法更是有失祠堂的庄重性。所以，此处的"门斗"与前"门笋"对言并举，应是指插套门栓的构件，即伏兔、欹枕仔一类。此言"其门笋要圆，门斗要扁"者，意为门笋要用圆木，门斗要用扁木即矩形断面的木料，并且要尽量矮扁使不过多突出于外。

23. **装架**：似与下文的"架修"同义，指两回廊不用装修。

24. **或斗尖的**：应理解为"如斗尖等等一类的"。上文论"装修正厅"，抱柱以下，谈到腰枋、地栿、贴仔、地栿盘、欹枋仔、斗尖，此处也同样涉及这些构件，做法尺寸都与前正厅装修相同，所以只列起首抱柱和收尾斗尖者，余不必再举，这些构件尺寸做法均可见前文所述。

25. **大孔田字格**：槅扇门窗的格心采用若干横竖棂条相交组成通透的方格隔心，称为"田字格"，大孔田字格是指棂条间的空格较大。

26. **窗齿**：一说指门窗格心使用多根棂条竖向排列如栅栏状，也就是直棂窗式，宋式称为板棂窗。明清时期的直棂心很少会全部由竖棂组成，往往会设少数的横向棂条，起到横穿拉固直棂的作用，如果全部为竖棂，不仅单调，而且结构松散容易走形。常见的就是所谓"一马三箭"式：在直棂条的上、中、下三个部位贯以横棂，通常为上下棂两道、中棂三道。祠堂常见会在横棂部位略做为菱格、半菱格或其他图案形式的装饰，所谓"窗齿可合式"者或即指此。

27. **楣**，在古籍中除是门楣之称外，还是栋（脊檩）之外的其他檩木（古代有时也称为梁）之称，此处即是指后者。"其门后楣要留"，是说门后的檩木梁架要露明。祠堂建筑不同于住宅，主要是宗族祭祀和议事的活动场所，不用以住人，所以房屋内不设天花板，所有梁架结构露明，称为"彻上明造"，既能使空间高敞，也是礼仪活动行为规范的需要，人们进退站立的次序位置往往以上方的檩木梁架为参照物，是谓"进退有式"。

28. **架修：**装修。

29. **活的：**活动的，指可随时摘卸安装的。寝堂内供奉祖先神主牌位，前后中间位置（栋下）不设启闭门只做可以摘下的槅扇，上分为奇数扇五扇（正中扇当对立祖先牌位），此皆为祠堂与一般住宅装修不同的制式。

30. **马蹄抱住：**明清家具术语有"马蹄足"一称，又称"翻马蹄"，即足端形似马蹄，向外翻的称"外翻马蹄"，向内翻的称"内翻马蹄"，主要是指从腿部到末端呈一条略有变化的曲线形式，显得自然流畅、光挺有力，具有雄健明快的走势。此"抱柱下马蹄抱住"，当指抱柱下脚做为与家具马蹄足相近似的曲线形式。

## 译 文

凡是建造祠堂家庙，前面是三门，其次是东西两侧的内回廊，再往后是大厅，大厅之后是明楼、茶亭，茶亭之后就是寝堂。如果装修，从三门做起，到内堂为止。中门开四尺六寸二分宽，一丈三尺三分高，宽度正好折合在长天尺的义官位上。有种说法认为官字尺位上开门不适宜，祠堂更不能用官、义两个尺位建门，事实上用这两个尺位，子孙后代会发达荣耀。两边的耳门三尺六寸四分宽，九尺七寸高，在吉、财两个尺位上，这样符合天星中吉利的地德星，而且中门及两边耳门都符合规范。家庙与平常住宅不同，家族子孙后代是否优秀贤哲，都于此孕育萌发。而且三门、两廊、大厅、寝堂，其台基要逐渐升高，为的是使儿孙后辈进退有尊卑意识，不会忤逆侵犯长辈。建造者要详细牢记这些。

装修三门时，从水椹城板下量起，直到第一根穿枋上皮，平分为上下两部分，两边摆开八字形，水椹也是这样。如果是中间大门，槅扇二寸三分厚，每扇用暗串三个，门栓要用圆木，门斗要用扁木。此（大）门朝向吉利方位开设。两侧回廊不用装修。厅中间设四孔水椹槅扇，分为上下两段，下段一般要矮为七寸整，抱柱三寸六分宽。上截做荷叶线脚，下截可以做一抹光的。至于斗尖等一类构件，其尺

《鲁班经》祠堂图

寸规格已见前述。厅屋中心的槅扇门不可以做四扇，要做六扇才吉利。两边的厢房及耳房，其槅扇门可以做成大孔田字格或是象牙齿交错相对的直棂窗样式。门后的檩木梁架要露明，人们进退站立的次序要以此作为参照。明楼不需要装修。寝堂的中心不用做门，下做水椹连同下槛高三尺五，上分五孔安装槅扇，做成田字格心，这要做成可以摘卸的，内里供奉祖先牌位，春秋两季进行祭祀时，能够把槅扇拿下。两边水椹的尺寸在前面有记述，此不必再说。再有，前面檩枋下做亮格门，抱柱下脚做为马蹄形，这也要做成可摘卸的。后学工匠应对这些做法制式详细观察谨记，不得有误。

**延伸阅读**

### 祠堂

祠堂是同一宗族的人们祭祀祖先的场所。中国封建宗法社会家族观念浓郁，聚族而居的情况十分普遍，一般都设有专门供奉祭祀祖先的建筑场所。早期的祠堂之设有着严格的等级限制，天子和诸侯所建的称为宗庙或太庙，大夫、士及后世的官宦贵族所建的称家庙，庶民无庙，祭祖于家。到明代时，逐渐放宽了对民间设立祠堂的限制，但平民仅能"联宗建祠"，自此各地开始建立起了众多集体性质的祠堂。

祭祀祖先是祠堂最主要的功能。每年春秋祭祀，全族都会聚集在祠堂，由族长或宗子主持，对祖先进行祭祀。除了祭祖，祠堂还是对族众进行训诫教导的场地，也常用于举办族人婚丧寿喜或商议族事。宗族或家族祠堂在我国许多地方都有分布，至今祠堂保存较多的是在南方地区，尤以广东、福建、安徽等地最为多见。

安徽省黟县西递村的敬爱堂建于明万历年间，曾毁于祸患，后于清乾隆年间重建。该祠堂旧址原为西递胡氏十四世祖仕亨公住宅，后扩建为宗祠，面积达1800多平方米。敬爱堂门楼为五凤楼式，飞檐翘角，气势恢宏。进入大门后为天井合院，步入中门为祭祀大厅，厅分上、下庭，左右分设两庑，尤以上厅最为庄重，其正面木板壁上挂有祖宗画像，上悬匾额"百代蒸尝"，厅内置有几案、桌椅等陈设。上庭之后为供奉厅，供奉列祖列宗神位，神主次序是始祖居中，其他依昭穆之序左右排列。

安徽黟县西递村敬爱堂

# 神厨搽[1]式

　　下层三尺三寸[2]，高四尺，脚每一片三寸三分大[3]、一寸四分厚，下锁脚方[4]一寸四分大、一寸三分厚，要留出笋[5]。上盘仔二尺二寸深、三尺三寸阔，其框二寸五分大、一寸三分厚。中下两串[6]，两头合角[7]，与框一般大，吉。角止佐[8]半合角[9]，好开柱。脚相[10]二个，五寸高、四分厚，中下土厨[11]只做九寸、深一尺。窗齿栏杆，止好下五根步步高[12]。上层柱四尺二寸高，带岭[13]在内，柱子方圆一寸四分大。其下六根，中两根，系交进的[14]，里半做一尺二寸深，外空一尺，内中或做二层，或做三层，步步退墨。上层下散柱[15]二个，分三孔，耳孔[16]只做六寸五分阔，余留中。上拱梁[17]二寸大，拱梁上方梁[18]一尺八大。下层下欢眉勒水[19]。前柱磉一寸四分高，二寸二分大，雕播荷叶[20]。前楣带岭八寸九分大，切忌大了不威势。上或下火焰屏[21]，可分为三截[22]，中五寸高，两边三寸九分高。余或主家用大用小，可依此尺寸退墨，无错。

1. 神厨搽："厨"通"橱"，为收藏、放置东西的家具，前有门。这里指藏放与祭祀有关物品的橱柜，故曰"神橱"。搽，本义为用粉末、油膏一类涂于表面以行粉饰，引申为装饰美化，这里用为名词，指神橱的精细装修。

2. 下层三尺三寸：此处未言所指，但从下文"上盘仔"的尺寸来看，其宽为"三尺三寸"，而上下层应当是对应的，所以此"三尺三寸"当是指宽（面宽）。此"上盘仔"似是上层的框架边木。二尺二寸深、三尺三寸阔，是其进深和面宽尺寸，二寸五分大、一寸三分厚是指此仔木本身尺寸，即用断面长二寸五分、宽一寸三分的矩形料。

3. 脚每一片三寸三分大：脚，指橱柜式家具的底脚。可有两种做法，一为上下通柱式，留出一定高度为下脚；一为单做下脚式，其上橱柜可以移开。"片"当为"尺"之误。此处是说底脚一般为一尺三寸三分高。

4. 锁脚方：即锁脚枋，也称下横枋，横置于柱脚间的木枋，起固定作用。

5. 笋：即"榫"，指锁脚枋的两端留出榫，以便插入立柱上所设的卯眼内。

6. 串：起连接固定作用的横木。亦见前文注。

7. 合角：两个方向的木料两端对接，做斜面贴合，交为直角，称合角。这里所说为前后左右两个方向的串枋以及竖向的框木三向相交的情况。

8. 止佐："止"通"只"，"佐"应为"做"，"止佐"为只做的意思。有人认为"止"是禁止的意思，但下文又讲"止好下五根步步高"，解为禁止难通。

9. 半合角：此处合角，串枋头上要做榫头入竖框及柱身，以为固定，它们只是在看面上呈现合角形式，而内里并不完全贴合，所以称为"半合角"。下文"好开柱"者，即是方便于柱身凿卯眼以榫入之意。

10. 脚相：即脚箱，设于家具下脚之间的小箱柜，也有以此小箱柜直接作为家具下脚的。

11. 土厨：土橱，为保持通风祛潮，两脚箱并不紧连，或者二者中间向内空进一定深度再做箱柜，因中间前部下空为地面，故曰"土橱"。

12. 步步高：此"步步高"与上文不同，当是指"步步锦"窗棂格形式，有"步步升高，前程似锦"的寓意。明清官式建筑的做法，是由横直棂条拼成上下、左右对称的长方形空档花格子，外围空档较大，中心空档较小，由外及里层层缩紧，故也称"步步紧"。此处讲用五根窗齿（直棂）做成"步步高"，可能是与北方官式做法略有差别，应是以竖向棂条五根为基本，根据需要断以横棂。另外，明清家具另有"步步高"做法，指桌椅等横栀、竖栀错开卯眼，将前栀设低，两侧栀稍高，后栀最高，避免在同一高度开卯眼而影响桌椅等腿部的稳固。

13. **岭**：同"枵"，栏杆的横木。

14. **其下六根，中两根，系交进的**：交进，即进交，亦即进角。其下六根，指共设通柱六根，四角各一根，中间两根是向里设，以使其外成"廊"的形式，这两根柱成为窝角柱。

15. **散柱**：散柱当是对上文六根通柱而言，这六根通柱基本可视为结构柱。此散柱当是下层外廊的廊柱。因为小木家具跨度空间小，并不需要如房架一般布置规则的柱网形式，有些柱子位置比较自由灵活，根据形式而非结构需要而设，此即"散"的意思。此处的散柱即是纯为分"间"的形式需要而设，共分三间，两边"耳间"（耳孔）狭，余地留给中间。

16. **耳孔**：两边的小孔。

17. **拱梁**：似宋式建筑中的"月梁"。在卷棚顶建筑中，构架最上端承托双脊檩的梁称为"月梁"，这种形式明清只在江南建筑中有所保留。小木作重于美观装饰，《鲁班经》所称"拱梁"可能就形状而言，但其尺寸只有二寸大，而拱梁上的"方梁"竟有一尺八寸大，显然并不合理，可能后者尺寸有误。

18. **方梁**：指断面呈矩形的梁。

19. **欢眉勒水**：义不详，似是檐下门楣或倒挂楣子一类装饰，形式或可能类于欢门。欢门本为佛教建筑门窗式样，源于唐宋时期的壶门，或也可以说是壶门形式之一，其顶部为多段曲线构成，通常为连续的拱形板壁。在建筑的入口处设置欢门，以表示尊贵高尚。清《工程做法》中，欢门是钟鼓楼柱间的规定构件。

20. **播荷叶**：此处"播"字可作两种意思的理解：其一，通"薄"，即较薄的荷叶；其二，当展开、散开讲，即展开的荷叶。

21. **火焰屏**：即火焰门，是指在门楣上设置或雕刻成火焰纹的门。另外，佛教、道教的雕塑、画像中，佛像或神仙背后也常有火焰纹样的背屏，亦称为火焰屏。此言"上或下火焰屏"，当是指可以在门楣上下料制作或雕刻火焰纹。

22. **三截**：指火焰屏分为左、中、右横向三段。

## 译 文

　　下层宽三尺三寸，高四尺，底脚一般一尺三寸三分高、一寸四分厚，做锁脚枋一寸四分宽、一寸三分厚，两端要留出榫。上层的框架边木进深为二尺二寸、宽三尺三寸，它的框木用二寸五分宽、一寸三分厚的木料制作。中间使用两根起连接固定作用的暗串，两端做斜面贴合，与框木一样大，这样是适宜的。串枋头上要做榫头入竖框及柱身，作为固定，所以只是在看面上呈现合角形式而内里并不完全贴合的半合角，这样便于柱身凿卯眼以榫入连接。脚箱做两个，五寸高、四分厚，中间土橱只做九寸宽、深一尺。窗齿栏杆，只用五根直楞做成步步高的形式。上层柱四尺二寸高，包括栏杆的横木在内，柱子断面一寸四分。共设通柱六根，四角各一根，中间两根向里进角而设，里面部分做一尺二寸深，外面空出一尺，里可以做两层或三层，逐层内收。上层设置两个散柱，分成三孔，两侧的小孔只宽六寸五分，其余空间留为中间大孔。上面的拱梁断面二寸，拱梁上的方梁断面一尺八。下层做欢眉勒水。前柱礩一寸四分高，二寸二分宽，雕刻展开的荷叶。前楣连同柃木八寸九分宽，切不可做得太大了，那样反而有失威严庄重的气势。门楣上可以做火焰屏，可分成左中右三段，中间一段五寸高，两边三寸九分高。其余部分，视主人家所用可大可小，可在此尺寸的基础上进行调整，就不会出错。

# 营寨[1] 格式

　　立寨之日，先下纍杆[2]，次看罗经，再看地势山形生绝[3]之处，方令木匠伐木，蹐定[4]里外营垒。内营方用厅[5]者其木不俱大小，止前选定二根，下定前门，中五直木，九丈[6]为中央主旗杆，内分间架，里外相串[7]。次看外营周围，叠分[8]金、木、水、火、土，中立二十八宿，下休、生、伤、杜、景、死、惊、开[9]。此行文外，伐木交架[10]而下周建[11]。鹿角[12]旗枪[13]之势，并不用木作之工，但里营要刨砍找接下门之劳，其余不必木匠。

1. 营寨：军营，古代驻军的地方。

2. 纍杆："纍"应为"壘"之音同形近之俗写。古代军中作防守用的墙壁称"垒"，军营四周的防御围墙称堡垒、营垒。垒杆，为要建军营、营垒时所立的标志杆，表示建筑的基点。

3. **生绝**：风水学术语，生处和绝处，指根据山行地势判断营寨设定地点的好坏。

4. **踃定**："踃"为跳、动的意思，"踃定"就是踏定、踏勘、勘定，这里指通过踏勘立木确定营垒内外围墙的位置范围。

5. **厅**：此为中军帐厅，军队统帅所驻指挥号令中心。

6. **九丈**：此"九丈"似为虚数，主旗杆当以长木料制作，似难以高达九丈。

7. **相串**：互相连通。

8. **叠分**："叠"为连续、接连的意思，"分"为划分的意思，"叠分"指在营垒外围依次划分范围。

9. **休、生、伤、杜、景、死、惊、开**：指奇门遁甲的八门。

10. **交架**：交接搭架。

11. **周建**：周围的建造。

12. **鹿角**：用带枝的树木削尖埋在营地周围，以阻止敌人进攻，因形似鹿角而得名。这里指营寨的防御设施。

13. **旗枪**：枪杆上插缠旗帜，列于营寨墙上作为标志和威势。

## 译 文

　　设立营寨的当天，先立下一根垒杆，然后看罗盘方位，再察看地势山行的生处和绝处，这些工作完成以后，才命令木匠砍伐木材，确立营寨内外围墙的标志。内营中军帐厅堂，不管木料大小，只需先选定两根，下定为前门柱。内里使用五根直木，中央主旗杆制为九丈高。内营中分间架屋，里外相互连通。再根据外营周围的地势情况，依次划分出金、木、水、火、土的方位范围，之内确立二十八星宿位置，并按照"休、生、伤、杜、景、死、惊、开"八门来布局。如此这般后，砍伐木材，搭建木架，围绕木架进行周围的建造。鹿角和旗枪之类设施装备，用不着木工，而营内除了需要刨砍、搭接、安门一类的活儿，其余也都不需要使用木匠。

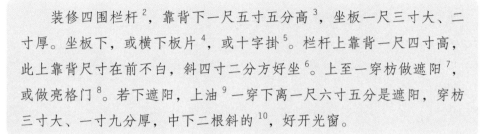

# 凉亭水阁[1] 式

装修四围栏杆[2]，靠背下一尺五寸五分高[3]，坐板一尺三寸大、二寸厚。坐板下，或横下板片[4]，或十字掛[5]。栏杆上靠背一尺四寸高，此上靠背尺寸在前不白，斜四寸二分方好坐[6]。上至一穿枋做遮阳[7]，或做亮格门[8]。若下遮阳，上油[9]一穿下离一尺六寸五分是遮阳，穿枋三寸大、一寸九分厚，中下二根斜的[10]，好开光窗。

1. **凉亭水阁**：凉亭与水阁。凉亭，即亭子，指供人乘凉、避雨和休息的建筑，一般为攒尖顶建筑；阁，一般为歇山顶建筑，多属楼阁一类，水阁应为建于临靠河湖之处，亦有人认为其类似于水榭，底层架空，或四面空敞，或柱间设回廊，如同亭子，装修方式相同，故将凉亭、水阁的装修一并讲述。事实上，中国古代建筑中的厅、堂、楼、阁、斋、馆、轩、榭等单体建筑名称，并不表示某种固定的功能和用途，单就某种单体建筑名称而言，很难对其功能和建筑形象做出严格界定，也有非攒尖顶的或是攒尖顶而四面设有槅扇的小型建筑而名亭的，也有单层建筑而叫阁的。因此，此处的"凉亭水阁"应是供人们休憩赏景之类建筑的泛称，多用于园林之中，一般空间比较通透，四周设有围栏。

2. **四围栏杆**：周围栏杆。栏杆是具有围护、遮拦作用的建筑形式，用于建筑台基四周、檐下走廊和楼阁平座走道的外围以及桥梁两侧等处，也可在院落空间内单独使用，具有分隔和联系不同景区的作用，本身也具有很强的装饰性，材质有石、砖、木等。木栏杆多用于建筑檐下廊柱间，属于外檐装修部分，内檐装修中有时也用到，常与罩等隔断相结合。这里专讲亭阁类建筑檐下的"靠背栏杆"，设有坐凳，坐凳外侧置有木制靠背，能起到供人休憩的作用，多用于园林游廊、亭阁水榭之中。

3. **靠背下一尺五寸五分高**：句中"下"用为动词，指下料，即下料做靠背本身一尺五寸五分高（由下文提到"此上靠背尺寸在前"观之，则此处是指靠背本身尺寸，非指靠背之下坐凳的高度。坐凳高度，以常人身高一米七左右衡量，一般以高于地面一尺五寸至二尺左右为宜，可以灵活掌握，故经文未言）。下文又言"靠背一尺四寸高"，此指靠背的垂直高度，因靠背在坐板上外侧向外倾斜放置，则靠背的垂直高度必然略小于其本身的下料高度。

4. **横下板片**：指制作安装坐板之下横置的栏板，木栏杆此部分多做为镂空的各种图案形式，可以是木板雕镂而成，但更多是由棂条拼组而成的图案。

5. **十字掛**：即十字挂，指由横纵棂条组成的十字格状栏杆图案。

6. **斜四寸二分方好坐**：指靠背上沿向外伸出靠背下脚的距离为四寸二分，这样坐起来是舒适的。

7. **遮阳**：楼阁或临水建筑，常把窗与靠背栏杆结合在一起，窗设于栏杆坐凳槛面之上，开窗即可坐凳观景，栏杆靠背常做成弯曲如鹅颈的形式，称"鹅颈椅"（又俗称"美人靠""吴王靠""飞来椅"等）。此在宋《营造法式》中称为"阑槛钩窗"，其形象在宋画《清明上河图》《雪霁江行图》中的江船上可以看到，明清江南地区类似者称为"地坪窗"。这种窗往往在外面加装具有遮阳作用的构件（也称"雨搭板"），可以向外支起，也可摘卸。明清时期南方一般住宅房屋也常设"遮阳"，已多改为支悬于窗子上端突出于窗外的篷顶形式。

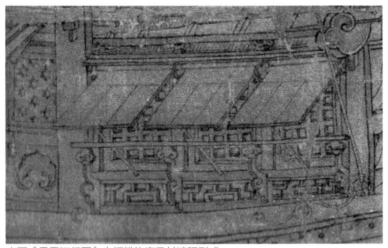

宋画《雪霁江行图》中阑槛钩窗及其遮阳形式

8. **亮格门**：阑槛钩窗设于次间廊柱之间，供出入之间则设槅扇门，即亮格门。

9. **油**：似为"由"之误，此句应为上从第一根穿枋（额枋）往下，离栏杆一尺六寸五分，为"遮阳"部分。或认为"油"是刷油漆的意思，似不妥，《鲁班经》全篇都在讲木作，不见油作，不应独于此处突然提及油饰。

10. **中下二根斜的**："中"指"遮阳"中间，"下"为动词下料、安设，意即在遮阳中部设置两根斜撑构件，以便支起遮阳而开窗采光。

## 译 文

安装修造四周的栏杆，靠背本身高为一尺五寸五分，坐板一尺三寸宽，二寸厚。坐板之下，可做镂空栏板，或十字棂格。坐板以上靠背直高为一尺四寸，靠背本身尺寸前已有述，此不必再说。靠背要倾斜安放，使其上缘向外宽出下脚四寸二分，这样坐起来才方便舒适。其上从一穿枋下做遮阳，或者做亮格门。如果做遮阳，上从一穿枋往下一尺六寸五分就是遮阳部分，穿枋三寸宽、一寸九分厚，中间安两根斜撑，以便开窗取明。

《鲁班经》凉亭式图

《鲁班经》水阁式图

卷贰

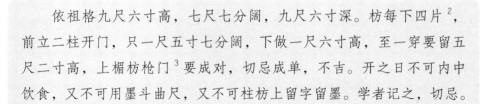

# 仓敖¹式

依祖格九尺六寸高，七尺七分阔，九尺六寸深。枋每下四片²，前立二柱开门，只一尺五寸七分阔，下做一尺六寸高，至一穿要留五尺二寸高，上楣枋枪门³要成对，切忌成单，不吉。开之日不可内中饮食，又不可用墨斗曲尺，又不可柱枋上留字留墨。学者记之，切忌。

1. **仓敖**：仓库。或释为粮仓，《鲁班经》下文另有"禾仓"，故此"仓敖"与"禾仓"应有所不同，此处指一般仓库或是统指粮仓在内的所有仓库。

2. **枋每下四片**：指围护部分每面使用四道横枋穿连立柱。

3. **枪门**：古代城楼或城墙的胸墙或女儿墙上开有可以向外射箭杀敌的方形小孔，称为"箭窗"。火药发明后，也可作为火铳、火枪的发射口，又叫"枪眼""枪窗"。此粮仓之"枪门"是同一制式而或开口略大，其功能不在于防御射击，而是为通风而设。另外，"枪"也指削尖的竹木片，以之排列构成的篱笆、栅栏一类称为"枪篱""枪累"，仓库上这类开口或以此为扇扇栅档，故亦为称。此开设于门楣枋之上，实是窗而非门，只是用门称而已，门者，口也，孔也。

## 译文

依照祖师传下的格式，仓库九尺六寸高，七尺七分宽，进深九尺六寸。每面用穿枋四道，前面立两柱开门，门只一尺五寸七分宽，下槛做一尺六寸高，上到一穿枋间留出门口高度为五尺二寸。上面楣枋之上所开枪门要成对，切忌成单数，单数不合宜。动工之日，不可以在仓库的范围内喝水吃饭，不可使用墨斗和曲尺，也不可在柱枋上留下字墨痕迹。学徒要牢记这些，不可犯忌。

# 桥 梁 式

凡桥无装修，或有神厨做[1]，或有栏杆者。若从双日而起[2]，自下而上；若单日而起，自西而东。看屋几高几阔[3]。栏杆二尺五寸高，坐槛[4]一尺五寸高。

1. 这里的"桥"，多认为是指架于河沟之上的供通行的普通桥梁，《鲁班经》卷首亦附有"桥亭式"图，如此，则是类似于南方一些地区的"廊桥"一类。但经文明言"凡桥无装修"，而且下文"若从双日而起，自下而上；若单日而起，自西而东"句最不好理解。桥梁有东西向的也有南北向的，如何皆可以一律"自西向东"做起呢？且又特言"自下而上"，言外之意当然也可以"自上而下"了，但无论是桥梁还是其附属装修，似都不可能这样做，实际成为赘语。《鲁班经》的图像是附于卷首的，且有很多散佚，不少图实难与正文内容一一对照契合，就如卷一中提到的"秋千架式"一般，所以，我们认为，《鲁

《鲁班经》中的"桥亭式"图

班经》的图像和文字并非出于同人所作，而是各有其人，因此并不能完全按照图样来理解文字。此处经文的"神厨"一词最为关键，《鲁班经》附图没有丝毫表现。在中国古代的宗教建筑中，有一类特殊的龛橱类内檐装修，如佛道帐、转轮藏、壁藏等，往往做成屋上架屋的缩小了的木构建筑模型，上层亭台殿宇（天宫楼阁）间或连以桥廊。我们认为，《鲁班经》此处的"神厨做"，应即是指这一类内檐装修，所谓"桥梁式"是指这类装修中有小桥的做法，详见下文延伸阅读部分"宗教建筑中的特殊内檐装修——佛道帐、转轮藏、壁藏"。

2. 起：起建，开始建造。

3. **看屋儿高儿阔**：似有双重意指，即这类装修的大小规格应根据安置它的房屋之高宽来定，其中桥梁也应根据神橱屋宇的大小来定。

4. **坐櫈**：坐板，即坐凳栏杆上的坐板。櫈即凳。

## 译 文

一般桥梁是没有装修木作的。有的神橱中有桥的形式，有的还有栏杆。如果从双日动工，就从下往上建；如果从单日动工，就从自西往东建。根据屋的高和宽来筹划建造。栏杆一般二尺五寸高，坐板一尺五寸高。

### 延伸阅读

**宗教建筑中的特殊内檐装修——佛道帐、转轮藏、壁藏**

在中国古代的宗教建筑中有一种特殊的龛、橱类内檐装修，包括放置神像的神龛和储存佛经书卷的藏经柜等，往往做成缩小了的殿宇房屋形式，做工和雕刻极为精细，造型优美。宋《营造法式》将它们归入"小木作"中，称为"佛道帐""转轮藏""壁藏"，用了三卷的篇幅专门记载其形制和做法，并附有图样。

佛道帐，即明清以来所谓的神龛，当然它们不只用来供奉佛道二教的神像，世俗也用来供奉祖先牌位，只是世俗一般所用没有寺观中所用做得那么精致而已。佛道帐形制犹如一座带外廊的殿宇，有的在殿宇顶部又施一层更小的殿宇，《营造法式》称之为"天宫楼阁佛道帐"，其尺寸规格可"高二丈九尺""深一丈二尺五寸""长随殿身之广"。自下而上分为帐座、帐身、腰檐、平座、天宫楼阁等五层。腰檐下帐身当中三间为安放佛像的位置，门两颊及梢间皆施毯纹格子门（即清式之槅扇门）。帐身下有带勾栏重层须弥座。腰檐之上为带勾栏平座，平座之上为天宫楼阁，由茶楼、角楼、小殿、挟屋、龟头屋（清式之抱厦）、行廊等一排小建筑联属构成。腰檐、平座及天宫楼阁皆施斗栱。晚于《营造法式》成书刊行没几年而建的山西晋城市二仙观，正殿内有宋代"天宫楼阁"道帐遗物，只是规模较小，平面为凹字形，由两组双层配阁、一座主阁、一座单孔木拱廊桥组成，桥长5米、宽1米、拱跨3米，桥下龛内供奉唐代二乐女及四侍女像。

《营造法式》中的天宫楼阁佛道帐　　　　　　山西晋城市二仙观天宫楼阁道帐

　　转轮藏，是一种可以推之转动的、形似小亭的藏经柜，立于殿中，平面正八边形，分为内外两层。外层立面自下而上分为藏座、藏身、腰檐、平座、天宫楼阁五层，腰檐之下外围有一圈空廊。内层为一转轮，挂在中心立柱上，转轮上下七层，每层分成八格，每格内置储藏经书的经匣两枚，八面柱间各装两扇格子门。内层中心安有长大的转轴，可带动经匣转动。转轮藏的功能不仅是储藏，也可作佛事活动之用。河北正定隆兴寺转轮藏殿，有现存年代最早的转轮藏，为北宋遗物，采取重檐小亭式，没有上部的天宫楼阁，内外连成一体，成整体转动，与《营造法式》所记的仅内层经匣转动的做法有所不同。另一处实例，四川江油市窦嵒山云岩寺的飞天藏，为南宋遗物，是属于道教的（云岩寺曾出现过"分东西二院，东禅林，西道观"的现象），但与佛寺转轮藏不同，不作储藏之用，而在飞天藏上下安置有若干星官神灵像，所以又称星辰车，众信徒可通过推转星辰车来满足其祈神愿望。

《营造法式》中的转轮经藏　　　　　　四川江油市窦嵒山云岩寺飞天藏

壁藏，是一种沿墙而设的藏经柜，同样采取小型建筑物的形式，从下而上由藏座、藏身壁柜、腰檐、平座、天宫楼阁等组成，上施斗栱、勾栏。实例中有的壁柜装有门扇，打开门扇，里边是一格格的藏经书架。现存年代最早的实例，是山西大同市华严寺薄迦教藏殿中的辽代壁藏，沿大殿后檐墙及左右山墙并转向前檐对称布置，壁藏做成上下两层楼阁形式，上层为神龛，下层为经橱，经橱内铺木板有如一般书架。天空楼阁部分设于殿的当心间后壁（西壁）处，当中做成一座凌空飞架的圜桥，桥上中央建一座小殿，桥下后墙开一高窗。

山西大同市薄迦教藏殿壁藏天宫楼阁

　　上述佛道龛橱类小木作，都是做为缩小比例的建筑形式，上部都会有亭台廊殿构成的"天宫楼阁"，之间或以小桥飞架连接。《鲁班经》中所谓"凡桥无装修，或有神厨作"者，应即是指这类属于装修的桥梁木作。虽然总体而言，明清时期这类装修木作趋于小型化、简化，如壁藏大多做成独立放置的家具式的藏经柜（径称为"经柜"或"经橱"），但仍然有模仿宋式之作的，如四川平武县报恩寺所存之转轮藏，就是明代匠人模仿四川江油市云岩寺飞天藏之作，只是在雕刻技巧上不如后者，显得较为呆板。而且，明清还把这类"天宫楼阁"搬到了世俗住宅中，"大屋中施小屋，小屋上架小楼，谓之仙楼"，在宫廷或王府建筑的室内装修中经常可见。"仙楼"之设，不仅是向往神仙的生活，也是对高大的室内空间与几、案、床、榻等实用家具之间较大的尺度差别的一种协调。仙楼之设，可以是在一栋建筑中的某一间中，如在放床的那一间，或明间的后进，也可以将当中几间连通而设置三面环绕的仙楼。

山西大同市薄迦教藏殿壁藏天宫楼阁（摹绘，引自王其钧《中国建筑史》，中国电力出版社，2012年出版）

# 郡殿角式 [1]

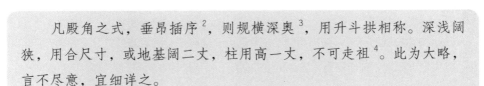

凡殿角之式，垂昂插序[2]，则规横深奥[3]，用升斗拱相称。深浅阔狭，用合尺寸，或地基阔二丈，柱用高一丈，不可走祖[4]。此为大略，言不尽意，宜细详之。

1. **郡殿角式**：郡殿角楼的样式。中国古代中央王朝通过郡县制实行对地方的行政统治，秦代以前郡小于县，从秦代起郡大于县，历代地方行政机构名称各有不同设废，明清无郡治而设府治，级别大体相当。这里当泛指地方行政治所。府城城池设有门楼、角楼，城内有钟鼓楼、文庙府学等礼制性建筑，一如京城之制，只是等级规格要小于京城。曰"郡殿"者，其虽也可能含皇家殿式建筑，但意应偏指地方上的殿式建筑。有些堡寨或大型院落的围墙角隅，以及较复杂建筑主体外围转角处，也往往会建有主要为防御性或是为完善主体建筑功能的角楼，但由文中所述用斗栱来看，这里是专门讲城池角楼制式的。斗栱从唐代发展成熟以后，就成为皇家宫殿以及寺庙大殿的专用形式，亲王府可用简单一些的斗栱，平民百姓乃至地方府衙官邸都是不能使用斗栱的，但于地方城池，像城楼、角楼、钟鼓楼等这些某种程度上也是皇权统治象征的礼仪建筑设施，是可以使用斗栱的。

2. **垂昂插序**：昂，组成斗栱的构件之一，为从斗栱中心向前后挑出最远距离的一道竖向长木栱件，其前端做成长扁而尖下斜下垂的形式，叫昂嘴或昂尖，带身、尾整体称为昂。昂是斗栱中最为突出醒目的部分，故也常以其代称斗栱，于此即是。斗栱是古建筑中制作组合极为复杂精细的构件，其中又以转角部位的斗栱最为复杂，栱件有正栱、角栱（45°角分线上）之分，正栱、角栱之间还可出有多道栱件，所以一定要做到安插有序。这里"插"字用为双关，既指斜向构件，也以其代指整体构件的安插。（参见前文延伸阅读部分"中国古代建筑的屋顶和斗栱"）

3. **规横深奥**：横，指左右面宽方向；深，指前后进深方向；奥，本义为室内西南角部位，这里泛指房屋内转角深处隐蔽之处，亦即斜角方向。规横深奥，指角楼这类有转角的建筑其宽、深及斜角方向的架构，都要规划设计制作精当，符合要求。这里是以最复杂的转角斗栱结构为代表，其制作精当，符合规制，则其余当不在话下，亦不必赘述。

4. 走祖：走，走形、走样，指超越范围或偏离，走祖是指偏离祖制。

## 译 文

凡是城池角楼的样式，斗栱部件一定要做到安插有序，建筑的宽、深及斜角方向的架构，都要合理规划，制作精当，与斗栱相称适配。角楼的深浅宽窄，应当采用合适的尺寸，如地基宽两丈，立柱可用一丈高，不可偏离祖制。这只是大概的要点，难以言尽全部意思，应该多多详细观察学习掌握。

### 中国古代建筑的角楼

角楼是指建造在城墙转角、大型院落围墙或主体建筑外围角隅的辅助性单体建筑。城墙角楼规模较大，建于城墙之上，主要用于加强城墙转角处的防御功能。大型院落和主体建筑外围的角楼规模较小，除了用作防御外，还起到装饰和完善主体建筑的作用。关于角楼的记载最早见于先秦典籍《墨子》，考古中也有汉代角楼明器出土，可见角楼的应用有着悠久的历史。

在今北京故宫城墙（明清时期为皇宫城，即紫禁城）的四角，各存有一处角楼。角楼平面为折角十字形，中心建筑是一个三间方亭式，四面各出重檐歇山顶抱厦，抱厦出檐采用腰檐方式环绕建筑一周，与中心方亭结合为一个整体，抱厦与中心方亭在角隅形成错落有致的三折角形式。中心方亭最上四角攒尖顶的四面坡上又加做歇山顶，成为一个十字交叉四面亮山歇山顶，十字脊交叉处也即四角攒尖处立鎏金宝顶。整个角楼建筑结构精巧，共用 9 梁 18 柱，形成 3 檐、72 脊、28 翼角，四周设有汉白玉石栏杆，整体形象挺拔秀美，端庄典雅。从城外观之，蓝天白云之下，红黄色的木构角楼矗立于厚重的青灰色城墙角台上，倒影于护城河的粼粼水波中，散射出独特的艺术魅力。

关于故宫角楼的建造，还有一个生动的传说。相传明成祖朱棣营建都城北京时，于梦中见到了这种角楼的形象，醒来后便降旨，命工匠限期照样建成，否则杀头。就在工匠们犯难时，见一老人手里提着蝈蝈笼走过，其形制恰与明成祖梦中所见相似，于是便仿照蝈蝈笼设计建造了这四座角楼，而提蝈蝈笼的老人被传为是鲁班仙师化身。

故宫角楼

# 建钟楼格式

凡起造钟楼，用风字脚[1]，四柱并用浑成[2]梗木[3]，宜高大相称。散水[4]不可太低，低则掩钟声，不响于四方。更不宜在右畔，合在左逐寺廊之下[5]。或有就楼盘[6]下作佛堂，上作平棊[7]，盘顶结中[8]，开楼盘心透上真见钟[9]。作六角栏杆，则风送钟声远出于百里之外，则为也[10]。

1. **风字脚**：特大的侧脚形式。古建筑的柱子都不是完全垂直于地面放立的，而是将柱头向建筑内侧收进、柱脚向外侧撇出，称为柱侧脚。柱侧脚做法有利于屋顶梁架结构稳固。唐辽宋金时期建筑柱侧角较明显，明清时一般殿宇建筑柱侧角程度甚微而不明显，只在一些特殊用途类型的建筑上使用较明显的侧脚做法，使建筑呈向上内收之势而稳固，如此处的钟楼风字脚即是。

2. **浑成**：天然形成（长成）。

3. **梗木**：挺拔笔直的木料。

4. **散水**：散水是房屋等建筑物檐下台基周围地面用砖石铺成的一定宽度的硬面层，作用是承接排泄檐头流下的雨水。此处言及散水太低会影响钟声远播，则应是代指钟楼的檐口。

5. **合在左逐寺廊之下**："逐"当为"边"之误。此处是讲寺庙钟楼的位置，适合建在左边屋廊建筑前靠后的位置。

6. **楼盘**：指钟楼上层的底盘，亦即楼台部分。

7. **平棊**：棊即棋，平棋是宋式建筑小木作部分，指建筑屋内梁架下的方格网架隔层，清式建筑称"井口天花"。

8. **盘顶结中**：盘、结，都有构筑、建造之意，一般指建筑从下往上逐渐结顶的建造过程。盘顶结中，就是修造楼顶中心的意思。

9. **开楼盘心透上真见钟**：开，义为启、张，有使通透的意思；真，正也，另本做"直"，亦通。此句是指钟楼顶部正中做成开敞式，上下通透，这样人站在下面正好透过楼顶看到悬挂在上方的钟。

10. **则为也**：此处漏刻一"吉"字，当作"则为吉也"。

## 译 文

凡是建造钟楼，使用风字侧脚，四根立柱都用天然生成的挺直木料，柱子要高大，与钟楼的建筑体量相称。钟楼的檐口不可以太低，低了就会掩盖钟声使之不能响传四方。更不适宜建在右边，适合建在左边屋廊建筑前靠后的位置。有的在钟楼台下建造佛堂，佛堂顶上修建平棊天花，盘造结架楼顶中心时应使顶部正中成开敞式，上下通透，站在下面透过楼顶恰好看到悬挂在上方的钟。钟台四周做六角形的栏杆，这样风会将钟声传送到百里以外的地方。这样建造是好的。

《鲁班经》钟鼓楼式图

河北正定县开元寺钟楼

正定县开元寺钟楼仰视图

## 延伸阅读

### 中国古代的钟鼓楼

　　我国古代的城市和寺庙中，都建有专门放置和敲击钟、鼓的建筑——钟楼、鼓楼。敲钟击鼓，既是古代的报时方式，所谓"晨钟暮鼓"（汉魏时的报时方式是晨鼓暮钟，唐代时晨钟暮鼓成为报时的定制），也是一种生活管理方式。此外，钟、鼓也被用于示警和聚众。寺院中的钟、鼓楼，一般在前院讲经堂左右相对而设，早参禅升堂敲钟，晚参禅诵经击鼓。城市中的钟鼓楼，多建于城中心或中轴线上靠后的区域。一般是在比较高大的台形之上建悬置钟鼓的楼阁式或亭式建筑。

　　我国各地现存钟鼓楼多为明清时期建筑（有些是近现代重建或复原）。钟楼的平面多为正方形，上为攒尖顶，楼体四面设门，一般为拱券形门洞。在建筑时，内部常以木料搭建构架，外围包砌青砖墙体，内设有可供上下的楼梯。鼓楼多与钟楼相对而设，形制也大体相仿。北京钟鼓楼位于皇城地安门外（今东城区地安门外大街），坐落在北京城南北中轴线的北端，始建于明永乐十八年（1420 年），后毁。清乾隆十年（1745 年）重建时，钟楼改为全部以砖石材料垒砌，高 33 米，下有高大的砖石墩台，台上建带栏杆须弥座白石台基，台基上建重檐歇山顶青砖墙楼阁，砖墙四面各开券门，楼内正中上方为八角形木框架，架下悬铜钟一口，铜钟两侧吊有一根 2 米长的圆木，用以撞钟报时。鼓楼位于钟楼南约 100 米，是明嘉靖十八年（1539 年）在元代木构楼阁的基础上所建，分别于清嘉庆五年（1800 年）和光绪二十年（1894 年）两次重修，此后又曾经过多次修缮和装饰。现存为一座三滴水重檐歇山顶木构楼阁建筑，外观为两层，实为三层，中间是一个结构暗层。全楼面宽五间 34 米，进深三间 20.4 米，通高 46.7 米，底层为砖石结构，前后各有券门三道，左右各有一道，东北角还设有边门。二层以上为木结构，四周修有回廊，廊宽 1.3 米，外侧设有望柱和栏杆。相传原楼内共设有大鼓二十五面，如今仅存一面主鼓，鼓面用一整张牛皮绷制而成。

北京的钟鼓楼（南为鼓楼，北为钟楼）

# 马槽样式

前脚[1]二尺四寸，后脚[2]三尺五寸高，长三尺，阔一尺四寸，柱子方圆三寸大，四围横下板片，下脚空一尺高。

1. 前脚：前面的脚柱。
2. 后脚：后面的脚柱。

## 译 文

马槽的前脚二尺四寸高，后脚三尺五寸高，三尺长，一尺四寸宽，柱子断面三寸宽，四周横向安装木板片，底部与地面空出一尺高的空间。

# 马 鞍 架

前二脚高三尺三寸，后二只二尺七寸高，中下半柱，每高三寸四分，其脚方圆一寸三分大。阔八寸二分，上三根直枋，下中腰每边一根横，每头二根。前二脚与后正脚取平，但前每上高五寸，上下搭头，好放马铃。

## 译 文

马鞍架前面的两只脚高三尺三寸，后面的两只脚高二尺七寸，中间部分制作半柱，一般高三寸四分，柱脚断面一寸三分。马鞍架宽八寸二分，上面安装三根直枋，中腰的位置每边安装一根横木，两端的位置安装两根。前面的两脚与后面的两脚取一样平，但是前脚的上端一般比后脚的上端高五寸，上面做搭头，方便放马铃。

# 鸡 枪 [1] 样 式

两柱高二尺四寸，大一寸二分，厚一寸。梁大二寸五分，一寸二分大。窗高一尺三寸，阔一尺二寸六分。下车脚[2]二寸大，八分厚，中下齿仔五分大，八分厚。上做滔环[3]二寸四大，两边奖腿[4]与下层窗仔一般高，每边四寸大。

1. 鸡枪："鸡枪"应指鸡舍，建筑风水类图书中有作"鸡栖"者。
2. 车脚：箱笼底部着地的木框结构，也称作"托泥"。
3. 滔环：似指绦环板，但鸡舍上所设绦环板当不用雕琢，或仅是形状相似，起结构性作用。
4. 奖腿：即桨腿，船形站牙，设于屏风、衣架等家具立柱上的牙子，起装饰和连接作用。

## 译　文

　　两柱高二尺四寸，截面为一寸二分，厚一寸。梁的断面，长二寸五分，宽一寸二分。大的窗高一尺三寸，宽一尺二寸六分，制作底部车脚二寸宽，八分厚，中间制作窗齿，五分宽，八分厚。上面做绦环板，二寸四分大小，两边的桨腿与下层的小窗齿一般高，每边四寸大。

# 屏风式

　　大者高五尺六寸，带脚在内，阔六尺九寸。琴脚[1]六寸六分大，长二尺，雕日月掩象鼻格[2]。桨腿工尺[3]四分高，四寸八分大。四框一寸六分大，厚一寸四分。外起改竹圆[4]，内起棋盘线，平面六分，窄面三分。绦环上下俱六寸四分，要分成单，下勒水花[5]，分作两孔[6]，雕四寸四分。相屋阔窄，余大小长短依此，长仿此。

1. **琴脚**：或称"下脚"，指屏风着地的两根木墩。
2. **日月掩象鼻格**：一种装饰图案。王世襄认为"掩"或为"卷"之误，可能是桨腿上的圆形和卷转的花纹雕饰。也有人认为是前端卷起如象鼻、中间抱圆饼如日月的一种雕饰。
3. **工尺**：当为"二尺"之误。
4. **改竹圆**：古代家具的线脚，呈凸圆形，与苏州工匠俗称的"竹爿浑"类似，为一种凸圆形的线脚。
5. **勒水花**：当漏刻一"牙"字，即勒水花牙，指牙条。此处指屏风绦环板下带斜坡的长条花牙。
6. **孔**：此处作量词，有"部分"的意思。

## 译　文

　　大的屏风包括柱脚在内，高五尺六寸，宽六尺九寸。琴脚断面六寸六分，长两尺，雕刻日月掩象鼻的图案。桨腿二尺四分高，四寸八分宽。四个边框断面一寸六分，厚一寸四分。外面装饰竹圆线，里面装饰棋盘线，平面六分，窄面三分。绦环板上下都是六寸四分，要分成单数，下面雕出水花牙子，分成两部分，雕成四寸四分大小。根据屋子的宽窄情况制作，其余的大小长短都依照这个尺寸，长度也仿照这个尺寸。

# 围 屏 式

每做此行用八片，小者六片。高五尺四寸正[1]，每片大一片四寸三分零[2]。四框八分宽，六分原[3]，做成五分厚，算定共四寸厚[4]。内较[5]田字格，六分厚，四分大。做者切忌碎框[6]。

1. 正：通"整"。

2. 一片四寸三分零：当为"一尺四寸三分零"之误，此处是指每扇围屏的宽度。

3. 六分原："原"应为"厚"之误。此处是指下料做四框时，用厚六分的木料。若将"六分原"解为"原料厚六分"似亦通。

4. 算定共四寸厚：此处是按八扇围屏而言，在下料时，每扇含四框在内厚六分，做成以后厚度为五分，围屏折叠后八扇共四寸厚。

5. 较：当为"交"之误，这里指用纵横木桯构成方孔格子，形如"田"字。

6. 碎框：碎，有破碎或琐细、繁芜的意思，文中"切忌碎框"当是指避免把围屏木框的装饰做得过于琐细，以突出围屏屏心的图案效果。

## 译 文

一般做这种围屏，做成八片，小的做六片。高五尺四寸整，每片宽一尺四寸零三分。四框八分宽，按照六分厚下料，做成后每片五分厚，八片折叠时一共四寸厚。每片四框内用横木做田字格，所用木料六分厚，四分宽。做围屏的工匠一定要避免把木框装饰地过于琐细。

延伸阅读

### 中国古代的屏风

屏风也是中国古代一种较为常见的室内隔断，起屏挡视线、分隔空间及装饰作用，其特点是位置灵活，大小自由（一般略高于人体身高，以2米上下为常），并可随时移动，或也将之归为家具，实是介于隔断与家具陈设之间的一种装修。其制作是在主体木骨架上糊纸或绢，也有用木雕刻的以及镶嵌螺钿或美石的，清代后期还有镶嵌玻璃镜子的。屏风有座屏、插屏、折屏（围屏）、画屏、素屏等不同形式与名称。座屏和插屏都是不可折叠的单扇屏风。座屏带有底座，一般用在较重要的座位后面作为屏障，体量比一般的屏风要小但显得厚重，装饰也华贵，可以显示座位以及座上主人的气势与尊贵。插屏下面也有座，实际是座屏的一种，只是它的屏与底座不是做成一体的，而是将屏另插于座上并随时可以撤下的，常在座上插一面立镜或是大理石屏。插屏基本上已失去了隔断的意义，而纯为一种装饰。折屏，又叫围屏（明代"屏风"一称常指座屏，"围屏"之称指折屏，《鲁班经》即是如此），是由类似于槅扇形式的多扇组成的可以折叠的屏风，一般为偶数扇，从四扇、六扇至十二扇不等。由于折屏下面没有底座，为稳固起见便多呈折线式摆放，有的还特意制成从中间往两边高度依次降低叠落的形式，从而使得屏风从平面和立面上都呈现一种变化的韵律美感。最初的折屏无足，直接落地，形制装饰简单，后来日益注重装饰，不仅于屏面装饰，也强调屏之上下头脚及边抹装饰，下面增加了屏足，整体形制接近于槅扇，由格心、绦环板、裙板和亮脚等部分组成，各扇之间用合页连接，可以延展折叠。

画屏，即于屏上纸面或绢面题诗作画，显得非常雅致。画面的主题，可以是每扇单独的，也可以是各扇互有关联的，还有的连续几扇或全部扇面通绘为一整幅画，称为通景折屏或围屏。折屏格心图案以木雕刻或是镶嵌的，也有同样手法。素屏，就是没有装饰书、画等的屏风，并多保持屏风材料的本色，显得朴素简洁。此外，还有一种较小的座屏，可以放在床榻上或桌案上，放在床榻上的称为"枕屏"，放在桌案上的称为"砚屏"。这种小型的座屏在宋代时已经出现，明代也较多使用，实际上更近似于陈设，基本失去了屏具的作用。

座屏

插屏

折屏

素屏

# 牙轿 [1] 式

宦家明轿徛 [2]，下一尺五寸高，屏 [3] 一尺二寸高，深一尺四寸，阔一尺八寸。上圆手 [4] 一寸三分大，斜七分才圆。轿杠 [5] 方圆一寸五分大，下踃 [6] 带轿二尺三寸五分深。

1. **牙轿**：牙即门，通称衙门。通过文中"宦家"字样，可知此牙轿当指官署用轿。

2. **明轿徛**："徛"为"椅"之误。"明轿"与有遮围的暖轿相对，四周空敞裸露。

3. **屏**：指轿椅的靠背板。

4. **圆手**：圆扶手，指用圆材做成的圈椅或轿椅的扶手。

5. 轿杠：抬轿子的木杠。

6. 踃：同"梢"，这里指轿椅下的底盘和椅前的脚踏。

## 译 文

官宦的敞篷轿椅做一尺五寸高，靠背做一尺二寸高，轿椅深一尺四寸，宽一尺八寸。上面的圆形扶手断面直径一寸三分，加工制作时要倾斜七分才能把形状做圆。轿杠的直径一寸五分，轿梢包括轿在内进深为二尺三寸五分。

 延伸阅读

### 中国古代的轿子

轿子是一种靠人力抬行的出行工具，最早称为步辇，又称肩舆、篮舆、兜笼、编舆、檐子。辇最初是指用人拉或推的车，由于古代木制车轮过于颠簸，因此人们开始将车轮去掉，改由人力抬行，称为步辇、肩舆，也就是最初的轿子。1978 年河南省固始县侯古堆一号墓随葬坑出土了三件木制肩舆，年代为春秋末年到战国初年，是目前发现年代最早的"轿子"形象。

河南固始县侯古堆一号墓随葬坑出土肩舆（复原图）

最初的步辇或肩舆为诸侯、帝王和贵族所用，到魏晋以后才在社会上逐渐流行，到唐代时官宦人家的女眷也开始使用。唐末五代时，开始称为"轿子"。入宋以后轿子的使用频率甚至超越了车。明清时期，轿子出现了官轿和民轿之分，官轿的使用有

着严格的等级划分，而民轿的出现则表明轿子的使用已经完全在富人阶层得到了普及。

〔唐〕阎立本《步辇图》（局部）

　　按照使用阶层的不同，轿子可分为官轿和民轿。官轿即官员乘坐之轿，一般也将皇家所用的轿子视为官轿。明清两代都曾颁布过官员乘轿的标准，如明景泰四年（1453 年）规定在京文官三品以上者可以乘轿，弘治三年（1494 年）又明确限定，凡有资格乘轿的文武官员，只能乘坐四人杠抬大轿，但在实际中这些制度很难被完全遵守，常有违制现象。清代时规定武官不得乘轿，只准骑马，但总兵以上的年迈武官可申请坐轿，同时

王世襄《明式家具研究》中的明轿草图

按照官员品级的不同，对轿子装饰和轿夫人数做出了详细规定。民轿为平民百姓所乘之轿，通常为两人抬的青布小轿。按照是否设有帷幔，可将轿子分为暖轿（或称暗轿）和凉轿（或称显轿、明轿）两大类。《鲁班经》中的"宦家明轿"，指的就是不设帷幔的轿子，也称为"凉轿"。事实上，由于旧时等级划分森严，对轿子的使用具有严格规定，明轿与暖轿之分也主要是针对官轿而言的。民轿在使用时存在诸多限制，所乘之轿也更为简单。

〔北宋〕张择端《清明上河图》中的暖轿　　　明画《出警入跸图》中的暖轿

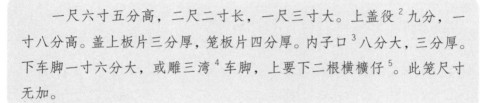

# 衣笼[1] 样式

> 一尺六寸五分高，二尺二寸长，一尺三寸大。上盖役[2]九分，一寸八分高。盖上板片三分厚，笼板片四分厚。内子口[3]八分大，三分厚。下车脚一寸六分大，或雕三湾[4]车脚，上要下二根横横仔[5]。此笼尺寸无加。

1. **衣笼**：衣箱的一种，盛放衣服的家具。

2. **役**：驱使，使用。王世襄推测，似指制作上盖时加大放料，多用九分，以期成品达到设计要求。

3. **子口**：器身与器盖紧密结合的部分，子口与母口相对而言，子母口为一整体套合口。如果是器口榫入盖口中，即盖套口，于盖谓之母口，于器谓之子口；如果是盖口榫入器口中，即口套盖，则于盖谓之子口，于器谓之母口。

4. **三湾**：三弯脚，明清家具术语。一般来说，明清两代的家具脚料呈圆柱形或方柱形，但有些家具的柱脚会将脚柱上段与下段的过渡处向内里挖成弯折状，在腿足处设有凸起或外翻的脚头，因此脚柱整体看起来呈弯折状，被称为"三弯脚"。这种形式的腿柱相对竖直状腿柱更为美观，是明清家具装饰的一种特色。

5. **横横仔**：横，有多义，指搁置物品的器具、放置兵器的架子，也指帷幔、屏风一类的东西。此处横横仔似指箱角两边的屏板，类似横置的枋木，起纵向连接作用。

## 译 文

衣笼一尺六寸五分高，二尺二寸长，一尺三寸宽。制作上盖放料时多用九分，高一寸
八分。衣笼盖上所使用的木板三分厚，衣笼的木板四分厚，里面的子口部分八分宽，三分厚。
下面的车脚一寸六分宽，或者雕刻成三弯脚，车脚上要安装两根横屏板。这种衣笼的尺寸
是固定不变的。

# 大 床 [1]

下脚带求枋[2]共高二尺二寸二分。正床方七寸七分大，或五寸七
分大。上屏[3]四尺五寸二分高，后屏二片，两头二片，阔者四尺零二分，
窄者三尺二寸三分。长六尺二寸。正领[4]一寸四分厚，做大小片，下
中间要做阴阳相合[5]。前踏板五寸六分高，一尺八寸阔。前楣带顶一
尺零一分。下门[6]四片，每片一尺四分大[7]，上脑板[8]八寸，下穿藤[9]
一尺八寸零四分，余留下板片。门框一寸四分大，一寸二分厚。下门
槛一寸四分三，接里面转芝门[10]，九寸二分或九寸九分，切忌一尺大，
后学专用记此。

1. **大床**：拔步床之一，结构相对复杂，尺寸较大，除床体之外，还设有踏板、飘檐、
   拔步、花板等。
2. **求枋**：为"床枋"之误，指床面枋框。
3. **上屏**："上"为动词，安装之义，四尺五寸二分高为统言后屏与两头即左右屏的
   高度。后文长六尺二寸者，为床之通进深。
4. **正领**：即正岭。"岭"有居高之意，床岭即床顶。
5. **阴阳相合**：用阴阳榫相结合。阴阳榫即榫卯结构的别称。
6. **门**：此门应指床之前檐所有槅扇。
7. **每片一尺四分大**：此指每扇槅扇的宽度为一尺四分。
8. **脑板**：相当于槅扇门的上抹头带绦环板的部分。

9. 穿藤：应为脑板之下的格心部分，以竹藤之类做成。

10. 转芝门：似指床前沿两头门围子部位的两扇门。

## 译 文

制作床脚包括床枋在内，总共高二尺二寸二分。正面的床枋七寸七分大，或者五寸七分大。装屏四尺五寸二分高，后屏两扇，两端两扇，宽的做四尺零二分，窄的三尺二寸三分。床的进深为六尺二寸。床顶板片一寸四分厚，分成大片和小片，安装时用阴阳榫相结合。床前的脚踏五寸六分高，一尺八寸宽。床顶前檐的横楣子包括床顶在内一共一尺零一分高。前檐做槅扇门四扇，每扇一尺四分宽，安装脑板八寸宽，脑板下穿藤的格心部分，长一尺八寸零四分，剩下地方安装木板。门框一寸四分宽，一寸二分厚。门槛一寸三分厚，连接里面的转芝门，可以做九寸二分或者九寸九分，一定忌讳做成一尺，后学者要专门记住这一点。

《鲁班经》大床式图

# 凉 床 [1] 式

此与藤床[2]无二样，但踏板上下栏杆要下长。柱子四根，每根一寸四分大。上楣八寸大。下栏杆前一片左右两二万字，或十字，挂前二片止作一寸四分大、高二尺二寸五分[3]。横头[4]随踃板[5]大小而做。无误。

1. **凉床**：透风清凉之床，此床四面不封闭，床顶设有木框，可悬挂蚊帐，同属拔步床。

2. **藤床**：即下文藤床，床面穿藤。

3. 此句难理解。据经文来看，当是讲床围栏的做法。拔步床床前及廊檐下各设围栏，又因此为上床的门户，因此前后两道（片）栏杆又各分左右两部分。明清时期的床围栏制作精致，有用攒接法做成的十字连方围栏，也有以透雕组成的卍字纹、方形纹、圆环纹、双环卡子花等装饰。"下栏杆前一片左右两二万字，或十字"中当有讹误，"二"字应为误衍，是指做床前第一道围栏时，左右两边做成万（卍）字形或十字形棂格；"挂前二片止作一寸四分大，高二尺二寸五分"，可能是指床前第二道围栏下料所用棂条只用一寸四分大，做成后高度二尺二寸五分。王世襄则是将"一寸四分"校为"一尺四寸"（王世襄：《明式家具研究》，北京：生活·读者·新知三联书店，2013 年出版。后文凡引其说，皆据此，不再注出），指宽度，亦可通。总之，此段经文当有讹误。

4. 横头：这里指床前方的横木。

5. 踃板：梢板，指承托全床的木板平台。

## 译　文

　　制作凉床与制造藤床没有区别，只是踏板上安装的栏杆要做得更长。使用柱子四根，每根一寸四分大，上楣八寸大。做床前第一道围栏时，左右两边做成卍字形或十字形棂格。第二道围栏下料所用棂条只用一寸四分大，做成后高度二尺二寸五分。床前的横木根据踏板的大小来做。不可有误。

# 藤　床 [1] 式

　　下带床方[2]一尺九寸五分高，长五尺七寸零八分，阔三尺一寸五分半。上柱子四尺一寸高。半屏[3]一尺八寸四分高。床岭[4]三尺阔，五尺六寸长，框一寸三分厚。床方五寸二分大，一寸二分厚，起一字线[5]好穿藤。踏板一尺二寸大，四寸高。或上框做一寸二分，后脚二寸六分大，一寸三分厚。半合角记。

1. 藤床：一种以穿藤作为床面的卧具。

2. 床方：床枋。

3. 半屏：即床围子，因其高不到床顶，大约做到中间位置，所以称为半屏。

4. 床岭：床顶。

5. 一字线：似指床枋上刻划出"一"字形线槽，以便穿藤。

## 译 文

藤床包括床枋在内高一尺九寸五分，长五尺七寸零八分，宽三尺一寸五分半。上面的柱子高四尺一寸。床围子做半截，高一尺八寸四分。床顶三尺宽，五尺六寸长，木框厚度为一寸三分。床枋五寸二分宽，一寸二分厚，刻画"一"字形线条，以便穿藤。踏板一尺二寸宽，四寸高。有的把上框做成一寸二分，后脚做成二寸六分宽，一寸三分厚。记住要使用半合角的形式。

## 禅 床 [1] 式

此寺观庵堂才有这做。在后殿或禅堂两边，长依屋宽窄，但阔五尺。面前高一尺五寸五分，床矮一尺。前平[2]面板八寸八分大，一寸二分厚。起六个柱，每柱三才[3]方圆。上下一穿方[4]，好挂禅衣及帐帏。前平面板下要下水椹板，地上离二寸下方仔[5]盛板片，其板片要密。

1. 禅床：寺观等场所中供坐禅的床榻。

2. 前平：似当为"前屏"。

3. 才：为"寸"之误。

4. 穿方：穿枋。

5. 方仔：仿仔，即小木枋。

## 译 文

这种床是寺观庵堂独有的。禅床建造在后殿或者禅堂的两边，长度依据屋子的宽窄来确定，只将宽度定为五尺。前面高起一尺五寸五分，床较矮为高一尺。前平面板八寸八分宽，一寸二分厚。做六根立柱，每根立柱的断面为三寸。上边安一根穿枋，以方便挂禅衣和帷帐。前屏的面板下面要安装水椹板，在距离地面二寸的地方安装小木枋，以用来盛放板片，板片要安装紧密。

## 延伸阅读

### 中国古代的床

据古文字研究成果，商代的甲骨文中已有"床"或以"床"为偏旁的字（其实不能排除其为较矮的榻类的可能性），但商代是否普遍以床为寝卧之具，尚存疑问（有学者认为甲骨卜辞中的"床"

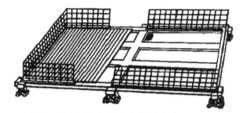

河南信阳市长台关楚墓出土的漆木床

是为患病之人或妇女难产准备的卧具，甚至是预备的停尸之所）。虽然《诗经·小雅·斯干》有"乃生男子，载寝之床"之语，但这是给予新生儿的特殊待遇和庆祝仪式，由此来看直到西周中叶社会上大部分人可能还保留着睡卧于地的传统习惯。床普及为寝卧之具，是在战国秦汉时期。目前考古发现的最早的床的实物，是河南信阳市长台关战国楚墓出土的彩绘漆木床。这张床长 2.18 米，宽 1.39 米，足高 0.19 米，通周围栏杆高 0.44 米。两侧栏杆留有上下床处，床体施以黑漆，饰红色方形云纹，六个床足雕刻长方卷云纹。床框内的档木为两纵一横，上面铺有床屉，采用竹条编排而成，床上设有竹枕。与之年代相近的还有湖北荆门市包山二号楚墓出土的木床，床身分为左右对称的两部分，四面床栏可以折叠，通高 0.38 米，这是目前所见最早的折叠床。

湖北荆门市包山楚墓出土的漆木折叠床

床是离开地面一定高度架置的，人躺卧于上可以避免地面寒气的侵袭。古代的床都是木制的，最简单的就是一张平板床，即以四柱足支撑起木头框架板面的形式。汉魏隋唐时期的床多为箱形壶门结构，自宋以后为柱梁式框架结构所代替。中国古代的床同其他家具一样，在满足基本躺卧睡觉休息功能的基础上，将床加以各种形制变化和装饰，使其更加舒适惬意，并体现使用者的审美情趣、精神寄托和文化修养。特别是在明清家具大发展的时期，各种制作装饰精致的床具蔚为大观。如在床的后背和左右边缘加以较矮的围子，不带立柱子和顶盖，就是"罗汉床"，围板有实心板（内外可雕刻图案花纹）和透空棂格两种（罗汉床的另一说，是床框有束腰且牙条中部较宽、曲线弧度较大者）。在床的四角立柱，柱上支顶架或顶盖，就成为架子床，其顶架四周通常会垂嵌倒挂楣子，下部（床板的四面边缘）大多做成通透的低矮木栏杆形式，楣子、栏杆多以棂条拼组以及木雕为各种花纹图案，实际使用中往往还在床顶四周垂挂幔帐幕布，以为安静、隐秘和保暖。如果床板比较高，在床前设置有木质踏板或台阶，人上去休息时要迈步踏阶而上，这种床就叫"拔步床"，"拔步"就是迈步的意思，谐音关系被称为"八步床"。《鲁班经》中所述"凉床""藤床"之类，从其具有踏板栏杆的形式来看，都应属于拔步床。但明清时期流行的大型拔步床，往往还有各种罩设，或者说是给一个架子床加以檐顶和围廊的形式。具体来说，是将木床安置在一个较大的底座上，底座是一个木制

罗汉床

架子床

月洞式门罩架子床

平台，在底座周围使用立柱架顶和设围栏，床围栏一般为三面窗围和前面门围，并在床前形成一个雕饰得非常雅致的廊檐，有的还在廊檐下安装槅扇门窗，看上去就像是给床加罩了一个小屋子。《鲁班经》中所谓"大床"即是此类拔步床。

拔步床

# 禅椅 [1] 式

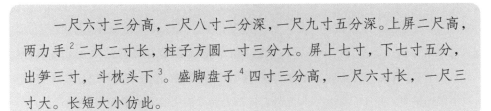

一尺六寸三分高，一尺八寸二分深，一尺九寸五分深。上屏二尺高，两力手 [2] 二尺二寸长，柱子方圆一寸三分大。屏上七寸，下七寸五分，出笋三寸，斗枕头下 [3]。盛脚盘子 [4] 四寸三分高，一尺六寸长，一尺三寸大。长短大小仿此。

1. **禅椅**：僧人打坐参禅所用的椅子。

2. **力手**：扶手。

3. **屏上七寸，下七寸五分，出笋三寸，斗枕头下**：此句讲禅椅靠背与搭脑部分的做法。
   "屏上七寸，下七寸五分"当指屏上端宽七寸，下端宽七寸五分，并"出笋三寸"，以便与"枕头"组装。椅子搭脑中部往往尺寸加大，并削出斜坡，以便枕靠，这部分称为枕头。

4. **盛脚盘子**：用于放脚的踏板。

## 译 文

禅椅一尺六寸三分高，一尺八寸二分或一尺九寸五分的进深。上屏二尺高，两个扶手二尺二寸长，柱子断面一寸三分大。靠背上端宽七寸，下端宽七寸五分，出榫三寸，安在枕头下部。脚踏板四寸三分高，一尺六寸长，一尺三寸宽。做禅椅时，长短大小尺寸都仿照这个样式。

禅椅

# 镜 架 势 及 镜 箱[1] 式

镜架及镜箱有大小者。大者一尺零五分深，阔九寸，高八寸零六分。上层下镜架二寸深，中层下抽相[2]一寸二分，下层抽相三寸，盖一寸零五分，底四分厚，方圆雕车脚。内中下镜架七寸大，九寸高。若雕花者，雕双凤朝阳，中雕古钱，两边睡草花，下佐连花托[3]。此大小依此尺寸退墨无误。

1. **镜架势及镜箱**：带有镜架样式的镜箱。镜架为支撑铜镜用的木架；镜箱为盛放梳妆用具的木盒。势，为形状、样式的意思。有人认为势是"式"之误，但根据文中描述来看，镜架势镜箱应当为带有镜架或盛放镜架的梳妆盒。

2. **抽相**：即抽箱，抽屉、抽盒。

3. **连花托**：即莲花托，为莲花形木托。

## 译 文

镜架与镜箱有大有小。大的一尺零五分深，宽九寸，高八寸零六分。在上面一层做镜架，二寸深。中间一层做抽盒，一寸二分深。下面一层做抽盒，三寸深。盖子做一寸零五分，底四分厚。车脚周围的面上雕刻花纹，车脚内中央做镜架，七分宽，九寸高。如果雕刻花纹，可以雕刻双凤朝阳图案，中间雕刻古钱，两边雕刻睡草花，下面做莲花形支撑。依照这个尺寸大小画墨线，不要出现错误。

《鲁班经》镜架式图

### 中国古代的镜架

镜架是古代专门用于支放铜镜的用具，大约出现于魏晋南北朝时期，到宋代时已十分普遍。镜架的形制较多，其中有一种可以折叠的小型镜架，因形似坐具中的交椅（详见后文延伸阅读部分），又被称作"交椅式镜架"。交椅式镜架收起时不占空间，展开后可将铜镜斜依于架背之上，小巧而精致，因而得到了广泛使用。通常所说的镜架，便是指这种交椅式镜架。

交椅式镜架

随着家具制作技术的发展，又于镜架之下增设台座，其结构更为复杂，功能也更为齐全，被称作镜台。镜台是在镜架的基础上发展而来的，因而也被视为镜架的一种。明式家具中的镜台，主要有折叠式、宝座式和屏式镜台等。《鲁班经》中所说的"镜架势及镜箱"，便是折叠式镜台，分为上下两部分：下层为台座，台座下设抽屉，用于收纳梳妆用品；上层为镜架，可支放铜镜。宝座式镜台看起来如同帝王的宝座一般，下部为台座，台上左右及后面设围子；屏式镜台在结构上与宝座式镜台类似，但后面形如屏风。

折叠式镜台

宝座式镜台

五屏式镜台

# 雕花面架 [1] 式

后两脚五尺三寸高，前四脚二尺零八分高。每落墨三寸七分大，方能役转 [2]。雕刻花草，此用樟木或南木 [3]。中心四脚折进 [4]，用阴阳笋 [5]。共阔一尺五寸二分零。

1. **面架：**即面盆架，为盛放洗脸盆所用的木架。

2. **役转：**使之弯曲、曲折的意思。

3. **南木：**楠木。

4. **折进：**折叠。指面盆架的四脚可以折叠合并到一起。

5. **阴阳笋：**阴阳榫。

## 译 文

洗脸架后面的两脚五尺三寸高，前面的四脚二尺零八分高。一般画墨线的断面为三寸七分，加工时才能实现向后弯曲。雕刻花草图案的洗脸架，一般是樟木或楠木做的。中间的四脚可以折叠合并，连接部位使用阴阳榫卯结构。总共宽度为一尺五寸二分。

六足高面架

五足矮面架

六足矮面架

# 桌 [1]

高二尺五寸，长短阔狭看按面[2]而做。中分两孔，按面下抽箱或六寸深，或五寸深，或分三孔或两孔。下踃脚[3]方与脚一同大，一寸四分厚，高五寸，其脚方员[4]一寸六分大，起麻横线[5]。

**1. 桌**：旧为"槕"。

**2. 按面**：案面

**3. 踃脚**：踏脚，放在桌下四足之间，可供踏脚的装置。

**4. 方员**：方圆。

**5. 麻横线**：线脚名，形式不详。

## 译 文

桌高二尺五寸，长短宽窄根据桌面的大小而定。中间分成两孔来安装案面下的抽箱，抽箱可以做六寸深或五寸深，有的分成三孔，有的分成两个孔。做踏脚的枋木与桌脚一样大，尺寸为一寸四分厚，五寸高。桌脚断面方圆一寸六分，桌脚上做麻横线。

# 八仙桌式[1]

高二尺五寸，长三尺三寸，大二尺四寸，脚一寸五分大。若下炉盆[2]，下层四寸七分高，中间方员[3]九寸八分，无误。勒水[4]三寸七分大，脚上方员二分线。桌框二寸四分大，一寸二分厚。时师依此式大小，必无一误。

1. **八仙桌**：本是方桌的一种，形体较大，一般见方在1米余，大多设在厅堂之内，可围坐八人，称"八仙桌"。八仙桌通常在周围配置数把靠背椅，主要用来招待客人或是家人用餐。但依经文此处尺寸数据实为长方形桌面，可能条名有误。也有可能"大"字为"小"或"半"字之误。按方桌有大、中、小之分，可以分称为八仙、六仙、四仙桌，也都可以笼统称为八仙桌。还有半桌，相当于半张八仙桌，即当一张八仙桌不够用时可用半桌拼接。所以经文此处的"长三尺三寸"说的是标准八仙桌的边长，而"大二尺四寸"说的是小八仙桌或者半桌的长度。

2. **炉盆**：可供取暖的炭盆。

3. **方员**：方圆，指炉盆底座直径。下文"脚上方员二分线"义难解，或有讹误，原文可能是指桌脚的线脚。

4. **勒水**：即勒水花牙。勒水花牙也叫披水牙子，为明清家具术语，属于牙子的一种。牙子也叫牙条，一般指面框下面设置的连接两腿间的部件。如果家具有束腰，设在束腰以下部分的称为牙子，设在其他部分的称为牙条，南方的工匠称其为牙板。勒水花牙是指设在屏风、案桌等家具底座之下或面框下部连接于两脚之间的带有多处凹凸弧曲的长条花牙，起到装饰和连接的作用。

屏风底座勒水花牙示意

## 译 文

八仙桌高二尺五寸，长三尺三寸，宽二尺四寸，桌脚断面一寸五分大。如果制作炉盆，下层四寸七分高，底座直径九寸八分，不要出现错误。安装三寸七分大的勒水花牙，桌腿线脚二分。桌框二寸四分宽，一寸二分厚。现在的匠师依照这个样式尺寸来制作，就万无一失。

# 小琴桌 <sup>1</sup> 式

　　长二尺三寸，大一尺三寸，高二尺三寸。脚一寸八分大，下梢 <sup>2</sup> 一寸二分大、厚一寸一分。上下琴脚勒水二寸大，斜斗 <sup>3</sup> 六分。或大者放长尺寸，与一字桌同。

1. **琴桌**：用于放置琴类乐器的木桌，桌面较窄，桌腿细长，为便于抚琴而高度略低，整体造型显得纤细修长，简洁高雅。
2. **下梢**：下端，同时含有向下略收缩的意思。
3. **斜斗**：古建术语，此处为斜出、鼓出的意思。此处是指勒水（牙条）鼓出六分，与桌腿上端交接扣合。

## 译 文

　　小琴桌长二尺三寸，宽一尺三寸，高二尺三寸。桌脚断面一寸八分大，下端断面略收，断面一寸二分大、一寸一分厚。琴脚上部做勒水牙条，二寸大小，向外鼓出六分，与桌腿上端交接扣合。有的大型琴桌要放长尺寸，与一字桌相同。

琴桌

# 棋 盘 方 桌 [1] 式

方圆二尺九寸三分。脚二尺五寸高，方员一寸五分大。桌框一寸二分厚，二寸四分大。四齿吞头[2]四个，每个七寸长，一寸九分大。中截下绦环脚或人物，起麻出色线[3]。

1. **棋盘方桌**：带有棋盘的方桌或形似棋盘的方桌。高级的棋桌用黄花梨等珍贵木材制成，上面为活动的桌面，可作为方桌使用，下棋时揭去桌面即露出棋盘，棋盘一般藏在边抹的夹层中，在棋桌对角设有棋子盒。经文中的"棋盘方桌"未谈及棋盘、棋盒等，当指一般的方桌。
2. **四齿吞头**：家具构件名，确切形制不详，有人推测为龙形构件。
3. **麻出色线**：家具线脚。

## 译 文

棋盘方桌的边长为二尺九寸三分。桌脚二尺五寸高，断面一寸五分大。桌框一寸二分厚，二寸四分大。有四个四齿吞头，每个七寸长，一寸九分大。中间部分制作绦环脚或者刻画人物，做麻出色线脚。

# 圆 桌 [1] 式

方三尺零八分[2]，高二尺四寸五分。面厚一寸二分，串进两半边做[3]。每边桌脚四只，二只大，二只半边做，合进都一般大[4]。每只一寸八分大，一寸四分厚，四围三湾勒水[5]。余仿此。

1. **圆桌**：桌面呈圆形的桌子。《鲁班经》中的圆桌是由两张成对的半圆桌拼成。
2. **方三尺零八分**：此处有脱文，当指桌面直径为三尺零八分。
3. **串进两半边做**：串进，为拼接串合之义。此处指圆桌分成两个半圆桌来做，然后再拼合。

4. **二只大，二只半边做，合进都一般大**："合进"，合拢的意思。在做圆桌时，每个半圆桌都有四只桌脚，两只做成完整的，另外两只尺寸取其一半，拼合在一起后为一完整桌脚。经文中的圆桌拼合后共有六只桌脚，其中两只是由四只半桌脚拼合而成。半圆桌也可以将直线边靠墙单独摆放，江南民居和园林中多见。

5. **三湾勒水**：即"三弯勒水"，勒水花牙的一种。

## 译 文

圆桌的直径三尺零八分，高二尺四寸五分。桌面厚一寸二分，用两个半圆的木板拼串相接。每半边桌面下有四个桌脚，两个做成完整的，另外两个尺寸取其一半，拼合后每个桌脚都一般大。每只桌脚的断面一寸八分宽，一寸四分厚，四周做三弯勒水。其余部分根据这些尺寸进行制作。

# 一 字 桌 [1] 式

> 高二尺五寸，长二尺六寸四分，阔一尺六寸。下梢一寸五分，方好合进。做八仙桌勒水花牙，三寸五分大。桌头[2]三寸五分长，框一寸九分大，一寸二分厚。框下关头[3]八分大，五分厚。

1. **一字桌**：即桌面伸出足外的平头案。

2. **桌头**：案面探出足外的部分。

3. **框下关头**：明清家具术语，平头案两纵端的短牙条。在桌案面抹头之下，须有牙条将大边之下的两根长牙条（即经文中的"勒水花牙"）连接起来，交成整圈。从结构上来看，两纵端的牙条有将两头边框下的缺口"关闭"起来的作用，故称为关头。

## 译 文

一字桌高二尺五寸，长二尺六寸四分，宽一尺六寸。桌脚下端略收，做成一寸五分，才方便拼合木板。做八仙桌样式的牙条，三寸五分大。案面探出足外的部分三寸五分长，桌框一寸九分宽、一寸二分厚。面框下的关头八分宽、五分厚。

# 折 桌[1] 式

框一寸三分厚，二寸二分大。除框脚高二尺三寸七分正，方圆一寸六分大，要下稍去些。豹脚[2]五寸七分长，一寸一分厚，二寸三分大，雕双线赶双沟[3]。每脚上要二笋斗豹脚上[4]，要二笋斗豹脚上，方稳不会动。

1. **折桌**：腿部可以折叠起来或是拆下来的桌子。高腿的桌子，如果腿部可以折叠，折叠后能当作小几或炕桌等使用，一物两用，方便而经济。
2. **豹脚**：类似兽蹄形式的弯腿脚形，也称抱脚，这里指折桌上部框脚的形式。
3. **双线赶双沟**：起双线的卷转花纹。
4. **每脚上要二笋斗豹脚上**："笋"即"榫"，"笋斗"或是斗状榫，即拴斗之类销榫结构。这里是说每只豹脚上要用笋斗两个将之销固于折桌的下脚之上。下一句"要二笋斗豹脚上"为误衍重文。

## 译 文

桌框一寸三分厚，二寸二分大。不包括桌框，桌脚高二尺三寸七分整，断面一寸六分大，要使桌脚下端比上端略微细一些。抱脚五寸七分长，一寸一分厚，二寸三分大，雕刻起双线的卷转花纹。每个桌脚要用双榫与豹脚相接，这样才能稳固。

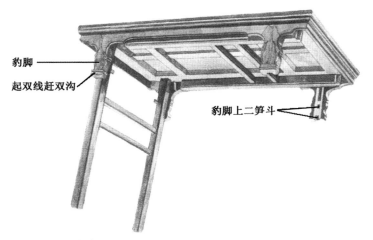

豹脚

起双线赶双沟

豹脚上二笋斗

折桌结构部位名称

# 案 桌 ¹ 式

　　高二尺五寸，长短阔狭看按面而做。中分两孔，按面下抽箱或六寸深，或五寸深，或分三孔或两孔。下踏脚方与脚一同大，一寸四分厚，高五寸。其脚方圆一寸六分大，起麻横线。

1. 案桌：平面呈狭长形的桌子。案也是一种桌、几类家具，用途与桌、几相仿，形体一般较矮，没有一般的高几、大桌高。但经文此条与前文的"桌"条行文几乎完全相同，仅"下蹄脚"作"下踏脚"、"方员"作"方圆"而已。

## 译 文

　　桌高二尺五寸，长短宽窄根据桌面的大小而定。中间分成两孔来安装案面下的抽箱，抽箱可以做六寸深或五寸深，有的分成三孔，有的分成两个孔。做踏脚的枋木与桌脚一样大，尺寸为一寸四分厚，五寸高。桌脚断面方圆一寸六分，桌脚上做麻横线。

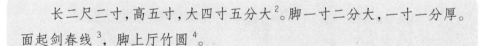

# 搭 脚 仔 凳 [1]

长二尺二寸，高五寸，大四寸五分大[2]。脚一寸二分大，一寸一分厚。面起剑春线[3]，脚上厅竹圆[4]。

1. **搭脚仔凳**：踏脚的小凳或小型的脚踏。
2. **大四寸五分大**：两"大"字应有一字为误衍。
3. **剑春线**："春"当为"脊"字之误。此处指凳面装饰剑脊线，为中间高、两边呈斜坡状的线脚。
4. **厅竹圆**：圆混面的线脚。

## 译 文

小凳长二尺二寸，高五寸，宽四寸五分。凳脚断面一寸二分，厚一寸一分。凳面雕刻剑脊线，凳脚做圆混面的线脚。

脚踏

# 诸 样 垂 鱼 [1] 正 式

凡作垂鱼者，用按营造之正式。今人又叹作繁针[2]。如用此又用作遮风[3]及偃角[4]者，方可使之。今之匠人又有不使垂鱼者，只使直板作如意[5]，只作雕云样者，亦好。皆在主人之所好也。

1. **垂鱼**：又称"悬鱼"，建筑装饰构件。详见延伸阅读部分。

2. **繁针**：复杂琐碎。

3. **遮风**：建筑构件名，似即博风板。

4. **偃角**：似是指博风板向上合尖处。

5. **如意**：为一种装饰纹样，其头端多为云朵叶状的曲线形式，称如意云头。这里也是一种简化的垂鱼形式。

## 译 文

凡是制作垂鱼，要按照正规的建筑标准制作。现在人们不断感叹其制作越来越复杂琐碎了。垂鱼的使用，是配合遮风和偃角而制作的，只有做这两个构件时才可以制作使用垂鱼。现在的匠人又有不使用垂鱼的，只用直板制作为如意形式，或是雕为如意云头状，这也是不错的。总之，这些都随主人的喜好而定。

### 悬鱼惹草

在悬山顶和歇山顶悬山部分的两侧垂脊下挑出的檩木外端，要钉一道随屋面举架曲度走向的人字形木板，将檩木端头遮护起来，这道木板叫博风板。在前后檐博风板与正脊的交界合尖之下，安一个下垂的鱼形装饰，宋式称为"垂鱼"，清式称为"悬鱼"。宋式垂鱼以

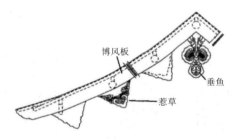

博风板、悬鱼、惹草位置示意

木板雕制而成，明清悬鱼除木板外也有铜铁制者。同时在博风板下除脊檩之外各檩木的端头处，也施以装饰，其是略呈三角形的木板，雕刻为卷草纹样，称为"惹草"。"悬鱼"装饰，据说源于东汉的一个典故：据《后汉书》记载，有个叫羊续的清官，在任南阳太守时，有下属向他进献活鱼，他不好当面拒绝，等下属走后，就把鱼悬挂在庭院中。以后下属又来送鱼，羊续就让他看悬挂在庭中的鱼，表明不曾食用以婉拒贿赂。羊续悬鱼的故事流传开来以后，后人便常以"悬鱼"比喻廉洁，并且在宅上装饰"悬鱼"以示主人清正廉洁。

悬鱼形象最早见于北朝的石窟壁画中。宋《营造法式》中所附"垂鱼"图样，已较为抽象和图案化，雕刻成如意云头形，惹草也略同。悬鱼惹草多用于歇山顶，悬山顶也有用的。明代以前歇山顶的山花（歇山顶两端博风板以下的三角形部位之称）较小而多透空，可以看到内部的木构，博风板下做悬鱼惹草。明清歇山顶山花较大，官式多做封山处理，即在博风板以里砌砖或用木板封挡起来，山花板上行雕饰，不用悬鱼惹草，而是在檩头部位的博风板上钉铜或铁质梅花钉为饰。但在民间许多地方直到清末仍然多有透空山花做法，并施以悬鱼惹草之类装饰，其悬鱼式样繁多，

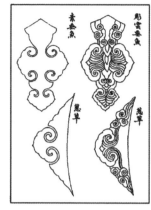

《营造法式》中的垂鱼、惹草图样

且大多更加抽象、简化，有的发生了较大变异，如用蝙蝠形以喻"福"意等。惹草形象在宋至元时期基本一致，明清民间建筑所见除三角形外，也多见圆形、桃形等式样。

悬鱼实例

# 驼峰[1] 正格

驼峰之格，亦无正样。或有雕云样，或有做毡笠样，又有做虎爪、如意样，又有雕瑞草者，又有雕花头者，有做球捧格[2]，又有三蚨。或今之人多只爱使斗立[3]又童[4]乃为时格也。

1. **驼峰**：用于房屋结构中上下梁架节点处起支承、垫托作用的木墩类构件，常作为斗栱或斗以及短柱的底座，与之组合做支承、隔架之用，因雕刻出类似骆驼背峰的曲线形式以为装饰，故名。驼峰形式最早见于山西省寿阳县北齐时的厍狄回洛墓的房屋形木椁上，在现存年代最早的地面木结构建筑唐代南禅寺大殿上也能见到。宋《营造法式》中记载了四种具体的驼峰式样，但宋辽金元时期的建筑实例所见驼峰形式要丰富得多，总体以两侧做或多或少的凹凸弧线加两头卷尖的形式居多，也有做上窄下宽的梯形、两斜线不施任何修饰的简素形式。明清多为卷云纹或荷叶墩的形式。驼峰用于"彻上明造"（不设天花，所有梁架均露明的做法）中，如果加设天花板，则天花板以上的梁架中无须使用富有装饰性的驼峰，只用不做细致加工的柁墩或瓜柱一类即可。

2. **球捧格**：与下文的"三蚌"一样，同为"驼峰"的一种样式，具体形制不详。有人认为"球捧"为"球棒"之误。

3. **斗立**：即"斗笠"。

4. **又童**：明代对梁架中不落地短柱的称谓，又称童柱，清式称瓜柱，宋式称蜀柱、侏儒柱、矮柱。斗立又童，意为使用斗笠形状驼峰托脚的童柱。别本（如《绘图鲁班经》）此处"又童"作"儿童"，意难通，当属误。

山西定襄县洪福寺大殿驼峰（金代）

山西万荣县稷王庙正殿驼峰（北宋）

## 译文

　　驼峰的样式，没有标准规定。有的雕成云的样式，有的做成毡笠的样式，又有做成虎爪、如意样式的，还有做成瑞草样式的，有做成雕花头样式的，有做成球棒样式的，又有三蚌样式的。现在人们大多喜欢在童柱下用斗笠状的驼峰，也是一种流行样式。

# 风 箱 <sup>1</sup> 样 式

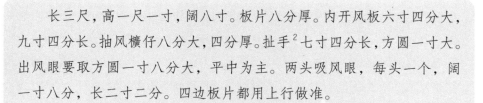

长三尺，高一尺一寸，阔八寸。板片八分厚。内开风板六寸四分大，九寸四分长。抽风横仔八分大，四分厚。扯手<sup>2</sup>七寸四分长，方圆一寸大。出风眼要取方圆一寸八分大，平中为主。两头吸风眼，每头一个，阔一寸八分，长二寸二分。四边板片都用上行做准。

1. 风箱：古代一种推拉活塞式鼓风设施。
2. 扯手：拉手。

## 译 文

风箱长三尺，高一尺一寸，宽八寸。板片八分厚。内部安装的风板六寸四分宽，九寸四分长。抽风的小木架八分大，四分厚。拉手七寸四分长，断面一寸大。出风眼要选取一寸八分大，做在中心是主要的。两头制作吸风眼，每端一个，进风眼宽一寸八分，长二寸二分。四边的板片尺寸都使用上面的标准。

### 古代的鼓风机

我国最早的鼓风机称为"橐"，是用大型动物的皮所制成的，形状像一个腹大口小的口袋，需要人工压迫橐腹来鼓风。为了提高鼓风效率，有时在炉身周围设计多个进风口，将多个风橐排在一起进行鼓风，因此又将这种鼓风设备称为"排橐"。从文献记载和考古发掘来看，橐在西周早期便已被应用于青铜冶炼，此外，它还被用于炊事鼓风，是目前已知最早的鼓风机。到东汉初，南阳太守杜诗将排橐进行改进，利用流水作为动力，从而节省了人力并提高了鼓风效率，这种以水力作为动力的鼓风机被称为水排。与此同时，东汉还出现了以马作为动力的鼓风设备，被称为马排。经过长期发展，宋代时皮橐已逐渐演化成木风箱，明代宋应星在《天工开物》中称其为"风箱"。

大型的鼓风机对于促进冶炼工艺的发展和进步具有重要意义，而小型的风箱则被广泛地应用于炊事鼓风。

风箱箱体为木质，外形多为长方体，也有做成筒状的。在箱体一端设有一进风口，另一端开孔安装拉杆，箱体一侧开出风口，在内部置有一块活塞板，通过拉杆与拉手相连，可往复抽送。在抽送过程中，活塞将进入箱体内的空气挤压，经出风口送入炉灶内，从而起到鼓风助燃的效果。这种风箱制作简单，使用便捷，二十世纪七八十年代在我国北方农村仍广泛应用，至今不少农户家中还有留存。

水排模型

风箱

# 衣架[1] 雕花式

雕花者五尺高，三尺七寸阔。上搭头[2]每边长四寸四分。中绦环三片。桨腿二尺二寸五分大，下脚一尺五寸三分高[3]。柱框一寸四分大，一寸二分厚。

1. **衣架**：用于悬挂、披搭衣帽的架子，由支架和横杆组成，是一种结构相对简单的家具。古代的衣架为木制，最初称为"椸枷"，同类器物还有"挥椸"，到汉代时俗称为衣杆。自宋代以后，衣架的制作和装饰都出现了较大进步，基本由底座、立柱和横杆构成，其中底座主要起稳固作用，立柱起支撑作用，横杆用于搭挂衣帽。明清时的衣架除了注重形式的美感外，还在衣架上进行雕琢，装饰有云纹、龙首、凤首等纹饰，有些还装有由镂空绦环板构成的"中牌子"。

2. **搭头**：指衣架搭脑左右两边出头的部分。椅子、衣架等最上端的横梁称为搭脑。

3. **桨腿二尺二寸五分大，下脚一尺五寸三分高**：此处或有讹误，就《鲁班经》来看，"屏风""铜鼓架""大方扛箱""食格"诸条谈及"桨腿"时，均是言"高"而未言"大"，且无论是言高还是言宽，二尺二寸五分的桨腿都与一尺五寸三分的下脚不甚协调。按照王世襄的理解，此处桨腿当指高度，下脚当为长度，只是在尺寸录入上略有差异。暂且存疑待考。

衣架

## 译 文

　　雕刻花纹的衣架五尺高，三尺七寸宽。上面搭脑左右两边各出头四寸四分。中间安装三块绦环板。桨腿二尺二寸五分大（高），下脚做成一尺五寸三分高（长）。柱框一寸四分宽，一寸二分厚。

# 素¹ 衣 架 式

　　高四尺零一寸，大三尺。下脚一尺二寸长，四寸四分大。柱子一寸二分大，厚一寸。上搭脑出头二寸七分。中下光框一根，下二根，窗齿每成双²，做一尺三分高。每眼齿仔八分厚，八分大。

1. **素**：无纹饰的、简单的。

2. 此句经文疑有歧义。如断句为"中下光框一根，下二根窗齿，每成双"，则可理解为：中间安装一根光框，然后在搭脑和光框之间安装两根窗齿，窗齿一般成双数。但既言"下两根窗齿"，则后面没有必要再说窗齿一般做成双数；如断句为"中下光框一根，（或）下二根，窗齿每成双"，则可理解为：中间安装一根光框，或者安装两根，然后在搭脑与光框之间（如安两根光框则在光框之间）安装窗齿，窗齿的数量一般为双数。我们认为后一种断句更为合适。

## 译 文

素面衣架高四尺零一寸，宽三尺。做衣架的脚一尺二寸长，四寸四分宽。柱子断面一寸二分大，厚一寸。上面的搭脑出头二寸七分长。中间安装一根光框，或者安装两根，然后在搭脑与光框之间（如安两根光框则在光框之间）安装窗齿，窗齿的数量一般为双数，窗齿做一尺三分高。每根窗齿直棍八分厚、八分宽。

# 面 架 [1] 式

前两柱一尺九寸高，外头[2]二寸三分，后二脚四尺八寸九分，方员[3]一寸一分大。或三脚者，内要交象眼[4]。笋[5]画进一寸零四分，斜六分，无误。

1. **面架**：洗脸盆架。
2. **外头**：外端头，这里指两足上端的"净瓶形"柱头。
3. **方员**：方圆。
4. **交象眼**：指承托面盆的三根杖子相互交接形成"象眼"的形状。
5. **笋**：榫。

## 译 文

前面的两根立柱一尺九寸高，上端的柱头二寸三分高，后面两脚高四尺八寸九分，断面一寸一分大。有做成三只脚的，盆框要相交形成"象眼"形。安榫时画墨线要画进一寸四分，倾斜六分，不可以错。

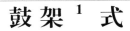

# 鼓架 [1] 式

二尺二寸七分高，四脚方圆一寸二分大。上雕净瓶头三寸五分高。上层穿枋仔四捌根，下层八根 [2]。上层雕花板，下层下绦环。或做八方 [3] 者，柱子横横仔尺寸一样，但画眼上每边要斜三分半，笋是正的，此尺寸不可走分毫，谨记。

1. 鼓架：放置鼓的架子。
2. 上层穿枋仔四捌根，下层八根：此处或有讹误，同一句中"捌"与"八"并用，且"四捌根"较难解，可能"捌"字为误衍。此句是指鼓架的上层用四根小穿枋，下层用八根小穿枋。
3. 八方：当为"八枋"，指也有做成八根立柱的鼓架。另有人认为此"或做八方者"是紧承前文"下层下绦环"而言，理解为下层也可以做成八个方形木格。但下文讲"八方者"画线开卯眼时每边要斜三分半，显然与四脚鼓架不同，这当为八脚鼓架的做法。

## 译 文

鼓架二尺二寸七分高，四脚的断面为一寸二分大。上端雕刻成净瓶形柱头，柱头高三寸五分。上层用四根小穿枋，下层用八根小穿枋。上层做雕花板，下层做绦环。也有做八脚鼓架的，立柱和横架的尺寸都一样，只是在画线开卯眼时，每边要倾斜三分半，榫是正的，这个尺寸不可以有分毫差错，谨记。

# 铜鼓架式

高三尺七寸。上搭脑雕衣架头花，方圆一寸五分大。两边柱子俱一般，起棋盘线。中间穿枋仔要三尺高，铜鼓挂起便手好打。下脚雕屏风脚样式，桨腿一尺八寸高，三寸三分大。

## 译 文

铜鼓架高三尺七寸。上面的横梁雕刻衣架顶端一样的花纹，横梁的截面一寸五分大。两边的柱子全都一样，刻画棋盘线。中间的小穿枋要做成三尺高，这样挂起鼓后，人的手方便敲打。下脚雕刻成屏风脚的样式，桨腿一尺八寸高，三寸三分宽。

**延伸阅读**

### 中国古代的鼓

鼓在我国有着悠久的历史。虽然考古发现的古代乐器并不以它为最早，但它的确有可能是最早发明的一种打击发声乐器，明末清初人顾炎武就认为"土鼓，乐之始也"（《日知录》卷五·八音）。所谓土鼓，就是以泥土之胎烧为陶瓦质的鼓匡（鼓身、鼓腔），两端蒙以兽皮，击之可发声。《礼记·明堂位》："土鼓……伊耆氏之乐也。"伊耆氏，一说是神农氏，一说是帝尧。史前大汶口文化到龙山时期的墓葬中出土有"陶鼓"，有的两头开口，有的一端封闭，或呈壶形，或呈筒形，或呈今腰鼓形，可以大小头轮击，高低音互答。土鼓作为礼器，一直沿用至周代。但商周时使用的鼓主要是木腔革面鼓。史前龙山时代的山西襄汾陶寺墓地的大型贵族墓中，就有木质鼓的出土，用天然树干挖空制成鼓腔，呈上小下大的圆筒形，鼓身内散落着鳄鱼皮和骨板，这属于周代《诗经》中提到的鼍鼓（鼍，我国古代对扬子鳄之称，又称鼍龙，俗称猪婆龙，传说它可以尾巴拍打自己的肚皮发出嘭嘭之声，古人受此启发以其皮蒙制为鼓，其声亦如鼍鸣，故名为鼍鼓）。河南安阳市殷墟商王陵中曾出土木质鼍皮大鼓残迹。先秦文献中记载的鼓的名称多达几十

青海民和县出土彩陶鼓（距今约4500年）

山西襄汾县陶寺出土木鼍鼓（距今约4400年）

种，作为由钟磬琴瑟笙箫等组成大型演奏乐阵中的节奏乐器，号称"八音之领袖"。鼓的打击发声方式有两种：一种为侧置或侧悬式，即鼓身横置，鼓面侧向，左右横击发声，文献中所谓的"建鼓"（有一柱从鼓身中部贯穿而出的形式）、"悬鼓"，都是这种方式；一种为正置或正悬，即鼓身竖置，鼓面向上，向下打击发声。无论哪种方式，都需要有鼓架，一般以木质制成，可髹漆彩绘。湖北江陵县望山战国楚墓中出土的悬鼓，其虎足鸟（鹭鸶）形鼓架十分精美生动。湖北随州市战国早期曾侯乙墓出土有建鼓、悬鼓、扁鼓、带柄鼓（拨浪鼓）等好几种鼓形。不过，秦以后的古代鼓类实物考古发现和传世所见都极少，一来有鼓之材质本身不易保存的原因，二来可能也是后世鼓或为庙堂陈设或为大众化的打击乐器，使用频率较高，易损而不易修，一旦破损即遭废弃之故。唐代的鲁山窑（在今河南鲁山县段店一带）还制有一种鲁山花瓷腰鼓。

湖北江陵县望山战国楚墓出土虎座鸟架悬鼓（复原）

湖北随州市曾侯乙墓出土建鼓（复原）

湖北随州市曾侯乙墓出土扁鼓

湖北随州市曾侯乙墓出土带柄鼓

至于先秦铜鼓，传世和考古出土甚少，目前见于著录的仅有两面，皆属商代晚期者，为完全仿木革鼓形制。一面为传出于河南安阳市后流入日本为住友泉屋博古馆收藏的"双鸟饕餮纹鼓"，另一件为1977年湖北崇阳县出土的兽面纹铜鼓（今藏湖北省博物馆）。二鼓皆以青铜铸成，形制、大小相仿（崇阳鼓通高约76厘米，鼓面直径约40厘米），顶部、足部纹饰有所不同，皆横置，两端鼓面略呈椭圆形，鼓身呈中腰缓拱、两端微收的圆弧形，身下有足，顶上有纽座以插竿饰（或用以悬吊），其正视之形同于商代甲骨文的"鼓"字。二鼓鼓身皆饰兽面纹，两端周缘饰三排类似于木鼓之鼓皮钉的乳钉纹，前者铜质鼓面上还装饰模仿鳄鱼皮的鳞片纹，它们显然是模仿当时的木腔革面鼓而制成。这类铜鼓显然不是实用之器，可能是专为随葬或礼仪所作。可见，中国古代中原地区是基本不以铜制鼓的，因为鼓之浑厚的音质实是以木腔革鼓所发最好。而后世所谓铜鼓，一般是指大约产生于公元前七世纪并一直流行到近代的中国南方和东南亚地区一些民族的一种全以青铜制作的打击乐器，其呈束腰圆筒状，鼓面向上，鼓身分胸、腰、足三段，胸部鼓凸，下收成束腰，胸腰间置鼓耳两对四只，足部外侈，中空无底，鼓面常有各种动植物和几何形纹饰以及动物、人物雕塑。一般认为这种铜鼓起源于春秋早中期的我国云南地区，而后向东、北、南三面传播，我国境内主要分布于云贵两广地区，四川、重庆、湖南、海南等地也有分布，

日本泉屋博古馆藏商晚期铜鼓

湖北崇阳县出土商晚期铜鼓

南方铜鼓

我们可以统称之为南方铜鼓。历史上南方铜鼓曾用于娱乐、传讯、号令、祭祀及贮藏财货和丧葬等，并成为权力、地位和财富的象征，被视为神圣宝物。明清以后，铜鼓渐成南方少数民族一般群众的娱乐乐器，凡节日集会、婚丧宴饮、赛神椎牛等活动，常要击铜鼓为乐，伴歌伴舞。现代一些少数民族村寨仍有保存和使用铜鼓的，常有特定存取和祭拜铜鼓的仪式，仍颇具神秘色彩。

由此看来，《鲁班经》所谓的"铜鼓"，很有可能是南方铜鼓。《鲁班经》是主要流行于我国南方地区的民间建筑图书，在流传过程中又掺入了不同的地方做法。不论南方汉族是否使用南方少数民族的铜鼓，在民族融合与文化交流的环境下，汉族的木匠常为之制作鼓架，也是自然之事。

# 花 架 式

> 大者六脚或四脚，或二脚。六脚大者，中下骑相[1]一尺七寸高。两边四尺高，中高六尺。下枋二根，每根三寸大。直枋二根，三寸大，五尺阔[2]，七尺长。上盛花盆板一寸五分厚，八寸大。此亦看人家天井大小而做，只依此尺寸退墨有准。

1. **骑相**：骑箱，似与脚箱类似，为起支撑作用的小木箱。
2. **五尺阔**：结合行文分析，此尺寸当指前"直枋"断面宽度，非指整个花架之宽，"五尺"应为"五寸"之误。

## 译 文

大的花架有六脚或者四脚，有的做成两脚。六脚的大花架，中部做骑箱一尺七寸高。两边四尺高，中间高六尺。做两根横枋，每根断面三寸大。直枋两根，三寸厚，五寸宽，七尺长。上面安放搁置花盆的木板，木板一寸五分厚，八寸宽。这也要根据主人家天井的大小来做，只需依据这一尺寸安排调整墨线就好。

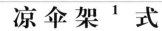

# 凉伞架 [1] 式

三尺三寸高，二尺四寸长。中间下伞柱仔二尺三寸高，带琴脚在内算。中柱仔二寸二分大，一寸六分厚，上除三寸三分，做净平头 [2]。中心下伞梁一寸三分厚，二寸二分大，下托伞柄亦然而是。两边柱子方圆一寸四分大，窗齿八分大、六分厚，琴脚五寸大、一寸六分厚、一尺五寸长。

1. 凉伞架：安放凉伞的架子。
2. 净平头：净瓶头。

## 译 文

凉伞架三尺三寸高，二尺四寸长。中间做小伞柱，包括琴脚在内，高二尺三寸。中间的小柱二寸二分宽，一寸六分厚，上端留出三寸三分做净瓶形柱头。中心位置做伞梁，伞梁一寸三分厚，二寸二分宽，做托伞柄也是这个尺寸。两边柱子的断面一寸四分，窗齿八分宽、六分厚，琴脚五寸宽、一寸六分厚、一尺五寸长。

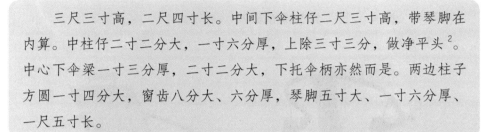

# 校 椅 [1] 式

做椅先看好光梗木头 [2] 及节，次用解开 [3]。要干枋才下手做 [4]。其柱子一寸大，前脚二尺一寸高，后脚式尺 [5] 九寸三分高。盘子 [6] 深一尺二寸六分，阔一尺六寸七分，厚一寸一分。屏 [7] 上五寸大，下六寸大。前花牙 [8] 一寸五分大，四分厚。大小长短，依此格。

1. 校椅：即交椅。它的特点在于椅子腿不是像其他椅子那样是直立的，而是交叉的形式，在不用的时候可以折叠起来，便于放置和携带。交椅是由汉代末年北方少数民族传入中原的胡床（一种可以折叠的便携坐具）演变而来，宋代时已经较为常见，不过当时主要是不带扶手的形式。发展到明清时期，交椅多加上了扶手，坐起来更为舒适安全。明清时期的交椅又有直背交椅（靠背为直线形）和圆背交椅（靠背及扶手呈圆弧形，与圈椅相似）两种，有的交椅还可将靠背向后倾放成为躺椅。

圆背交椅                                        交椅式躺椅

2. **光梗木头**：梗，直，挺立。光梗木头指光滑挺直的木料。也有人认为"梗"是"硬"之误，亦通。

3. **解开**：剖开。

4. **要干枋才下手做**：此处可有两种解释。一是将"枋"释同"方"，"干"为干湿之干，意即要等木料干透再动手制作；二是将"干"释为树木主干，将"才"释为"材"，指要选取树木主干作为枋材来制作。在家具制作中，一般不会用未干的木料，无须刻意强调是否干透，而且可折叠的交椅对木料的硬度要求较高，以树木主干为枋料，以求坚固耐用，这是较为合理的解释。

5. **式尺**：此"式"当为"弍"之误。在俗写中，"式"同"二"，"弎"同"三"。就传世交椅来看，后脚多连同靠背同做，一般高约四尺，故推断此"式"当为"弍"之传抄误写。

6. **盘子**：椅盘，即椅座。

7. **屏**：靠背正中的靠背板。

8. **前花牙**：交椅的做法与一般座椅不同，椅盘下并无花牙，若做装饰，仅在椅面横材立面进行雕刻。这里的"前花牙"，应是指交椅脚踏上的一条花牙，它正处于交椅的正前方，故称为前花牙。

## 译 文

做交椅时要先观察木头是否光滑挺直，看清其枝节所在，然后开解木头。要选择主干作枋料。交椅的柱子一寸大，前脚做成二尺一寸高，后脚做成三尺九寸三分高。椅盘深一尺二寸六分，宽一尺六寸七分，厚一寸一分。靠背上面部分五寸宽，下面部分六寸宽。前面的花牙一寸五分宽，四分厚。交椅的大小长短依照这个标准来做。

# 板 凳 [1] 式

每做一尺六寸高，一寸三分厚，长三尺八寸五分。凳头[2] 三寸八分半长。脚一寸四分大，一寸二分厚。花牙勒水三寸七分大，或看凳面长短。及粗凳[3]，尺寸一同，余仿此。

1. **板凳**：由板面和凳腿构成的无靠背长凳，凳面呈窄长形，也称条凳。无论从正面还是侧面看，凳腿都呈八字形外撇，这样可使其更具稳定性。

2. **凳头**：即凳面超出凳腿的部分。

3. **粗凳**：粗糙简易的板凳。板凳的结构、造型都非常简单，多用硬木、杂木制作，基本用木料本色。稍微讲究一点装饰的，在腿部和面板处四周起线，表面漆上浅色的油漆，也有的在凳腿和凳板相交处安装花牙子，或者雕饰如意纹等。而粗凳，就是没有任何装饰的板凳，除了板面就是腿，完全是为了实用，多为一般乡村农家所用。

## 译 文

板凳一般做成一尺六寸高，一寸三分厚，长度为三尺八寸五分。板凳面超出板凳腿的部分长三寸八分半。板凳脚一寸四分宽，一寸二分厚。勒水花牙做三寸七分宽，或者根据凳面

板凳（条凳）

的长短来做。至于粗糙简易的板凳，尺寸相同，其余也都照此来做。

# 琴 凳¹ 式

　　大者看厅堂阔狭浅深而做。大者高一尺七寸，面三寸五分厚，或三寸厚，即歆坐²不得。长一丈三尺三分，凳面一尺三寸三分大，脚七寸分大³。雕卷草双钩⁴。花牙四寸五分半，凳头一尺三寸一分长。或脚下做贴仔⁵，只可一寸三分厚，要除矮脚一寸三分才相称。或做靠背凳，尺寸一同，但靠背只高一尺四寸则止。横仔⁶做一寸二分大，一尺五分厚⁷。或起棋盘线，或起剑脊线。雕花亦如之，不下花者同样。余长短宽阔在此尺寸上分，准此。

1. **琴凳**：亦称"大凳"，为一种形似古琴的长形无靠背坐具，长、高皆如床榻，一般成对，拼接在一起时可当作临时便床。

2. **歆坐**："歆"为"歆"之异体，但"歆坐"难解。此处"歆坐"或是"敧坐"之误，意为斜靠而坐，经文是说琴凳没有靠背故不能斜靠而坐。王世襄推测此"歆坐"为"软坐"之误，为颤动之意，指凳面虽长，只有厚度达到三寸五分或三寸时坐上去才不至于被压得颤动，亦有一定道理。但后文又讲到"或做靠背凳"，故此处所指应为无靠背的琴凳，释为不能斜靠而坐似更妥当。

3. **脚七寸分大**：此处有脱文，《绘图鲁班经》作"脚七寸二分大"。

4. **卷草双钩**："钓"应为"钩"，指凳面雕刻双钩的卷草纹。

5. **贴仔**：安在足端的小木托。

6. **横仔**：似为橫仔之误，直解亦通，指靠背上横置的小木板。

7. **一尺五分厚**：此处言靠背木板厚度，"一尺五分"显然过厚，可能为"一寸五分"之误。

## 译文

　　大型的琴凳根据厅堂的宽窄深浅来制作。大的琴凳高一尺七寸，凳面木板三寸五分厚或者三寸厚，因无靠背所以不能斜靠而坐。琴凳长一丈三尺三分，凳面一尺三寸三分宽，凳脚七寸二分大。凳面雕刻带双钩的卷草纹样。花牙做成四寸五分半大，凳面超出凳腿的部分长一尺三寸一分。有的在凳脚下做小垫板，垫板只可以做成一寸三分厚，要不包括矮脚在内的厚度为一寸三分才相称。或者做带有靠背的琴凳，尺寸相同，但靠背最高只做一尺四寸，靠背上的横枋板做一寸二分宽，一寸五分厚。靠背板上可以做棋盘线，可以做剑脊线。雕花和不雕花的，尺寸都一样。其余长短宽阔在这一尺寸上斟酌，以此为标准。

# 杌 子 [1] 式

面一尺二寸长，阔九寸或八寸，高一尺六寸。头空 [2] 一寸零六分画眼。脚方圆一寸四分大，面上眼斜六分半。下横仔 [3] 一寸一分厚，起剑脊线。花牙三寸五分。

1. **杌子**：杌，俗称杌子，本是一种低矮的没有靠背的简易坐具。早期的杌，仅是稍做加工使上平可坐的简易低矮木墩式，基本不会在正式场合使用。直到宋代以至明清，随着世俗生活的丰富，杌子也开始讲究材质与刻画装饰，逐渐演变成一种正式的坐具。杌子主要由木板和脚柱构成，讲究的以紫檀、花梨、红木等名贵硬木制作，追求木质细腻、木色纯而深正，有的以竹藤类制为软座面，有的凳面铺设锦棉类坐垫，还有基本保持树根外貌雕制的，都深受人们的喜爱与推崇，成为中国古代家具陈设的有机组成部分。就形制而言，杌子可分方杌、圆杌和交杌等不同类型，圆杌、方杌也俗称木墩，交杌即俗称马扎。交杌是最早"胡床"形式的遗留，其腿部可以折叠，相应地杌面也都是用藤类材料编制而成的软面。明清时的交杌相对比较高大一些，有些工料也很讲究，清代则更添华丽。清代民间出现了小型的交杌，与今天所用的马扎差不多。

2. **空**：留出、空出。

3. **横仔**：此处指连接凳足的杖子。

方杌　　　　　圆杌　　　　　交杌

## 译 文

杌子的面长一尺二寸，宽九寸或者八寸，高一尺六寸。在头端留出一寸零六分的距离处做孔眼。脚腿的断面一寸四分大，面上挖凿的孔眼倾斜六分半。做连接凳足的杖子，一寸一分厚，做剑脊线。花牙做三寸五分大。

延伸阅读

### 中国古代的坐卧类家具和人们坐卧方式的变化

我们常说席地而坐或席地而卧，这其实是在高足坐卧家具没有发展起来之前古人普遍的坐卧方式。席，是用芦苇、竹篾等编成的铺放在地上供坐卧之具，大小不一，大者可坐数人，小者仅坐一人。筵与席大致同义，它是在席下又设的一层铺垫物，一般比席长一些，装饰也稍逊于席，即筵上加席，席上坐人，有时筵席就是一物而只以其在上下的位置来分称。周代是一个非常讲究等级礼制的社会，在贵族阶层的日常生活中，经常要举行围绕饮酒吃饭展开的或是最终以饮酒吃饭结束的各种社会交往和教化的礼仪活动。在这些礼仪场合中，人们所使用的筵席，依各自等级身份的高低而有层数多少的区别。以后，"筵席"就逐渐成为比较正式隆重的聚餐饮酒场合的代名词了。

榻，是古代一种低矮小床。《释名》："长狭而卑曰榻，言其体塌然近地也。"榻有四足，较大者可卧，较小者可坐，大多仅容一人坐卧，古人又称之为"独睡"。榻前放案，可置食物。后又称客床为榻。榻的历史可能早于床，甲骨文也有被古文字学家释为"榻"的字。其实，床、榻之别，最初不在于高矮，而在于大小，大者为床，小者为榻。只是后来的床加高加顶，榻便为一种无顶的矮床。

几，放置杂物或饮食、读书写字所用的家具。甲骨文中亦有"几"字，周代文献

有"曲几"。最早的几是食几,也是"凭几",即人席地而坐,面前置一几,可饮食或读书写字,疲倦时可伏于几上休息。后来一些配合坐具椅凳而设的几,高度也就加大。明代常见的"花几",造型多而装饰丰富,可圆可方,三腿或五腿,多取三弯腿形式,上有束腰,下有托泥。

案,与几同类,几乎难以分别。案一般较矮,有食案、条案、书案等。食案,即是一种矮足小饭桌,有长方形四足案和圆形三足案,均矮小轻便,放在地或炕席上使用,《后汉书》中所谓"举案齐眉"的故事,说的就是这种食案。河南信阳市战国楚墓中曾出土有云纹漆案。条案,形制狭长,形象最早见于山东沂南县汉代画像石,长方形两足,多弯曲高足,供饮酒、写字或放东西用。

几案一类,史前晚期的一些墓葬中即出土有木质者,商周墓葬还出土有青铜质的。桌,出现晚于几案,大约出现于汉代。最早的实物是河南灵宝市东汉墓出土的绿釉陶桌(明器),桌面方形,四足较高,腿的截面作矩形,腿间为弧形,整个外形与现代方桌基本相同。至唐代,桌的使用已趋普遍,在敦煌莫高窟唐代壁画中,可以看到好几个人围着大方桌欢宴的场面。

凳、椅,是受西北少数民族影响而产生的坐具。椅晚于凳,后来由于桌案的增高,唐代出现了有靠背的座椅,可见于唐代墓葬壁画。

上述这些中国古代供坐卧起居活动的家具,其实有些功能用途是相同的,只是适应人之不同的坐卧方式而有高矮的不同以及相应的一些形制差异。总体而言,中国古代寝居坐卧类家具,经历了由矮到高的演变,这直接反映出人们坐卧方式的变化。包括秦汉以前,人们的生活一直以"席居"方式为主,几、案、床、榻以及其他家具陈设都较为低矮。这一阶段的家具还常一具多用,随用随置,位置多不固定,根据不同的场合而作为不同的陈设甚至是名称。魏晋南北朝时期,由于南北民族大融合,人们的生活方式和家具都发生了较大变化。一方面,在席地而坐的传统生活习惯仍在延续的同时,传统家具也有一些发展,如床的高度增加并在下部做装饰,人们既可以坐于床上,也可以垂足坐于床沿,并且开始把一些可以倚靠的几案类家具搬设至床上去。另一方面,北方少数民族进入中原后,带来了一些相对较高的坐具,如"胡床"、椅子、方凳、圆凳等,对汉族的起居生活方式与室内的空间处理产生了一定影响,不仅是坐卧家具的增高,而且也使室内其他陈设以及整个室内空间增高,成为唐以后逐步废止席地而坐的前奏。隋唐五代,席地而坐与使用床榻的习惯仍广泛存在,另一方面垂足而坐方式从上层社会开始普及全国范围内的平民阶层，据敦煌壁画和五代《韩熙载夜宴图》等，已有长桌、方桌、长凳、束腰圆凳、扶手椅、靠背椅、圆椅、圆形平面床等多种样式的坐卧饮食家具。到宋代，垂足而坐的方式，和适应这种方式的高足桌椅板凳等，完全普及，彻底改变了商周以来的跪坐习惯及相关的家具形制。并且，由于商品经济的发展和市井文化生活的丰富，从皇帝、贵族官僚到文人学士乃至普通市民，都尽可能地追求更高的生活品位，衍化出很多新的家具形式种类，并做各种雕绘装饰。到明清时期，随着各种手工业的高度发展，也达到了家具制作使用的极度繁荣、工艺最精的集大成时期，各种各样的家具及其附属装饰，可以说是层出不穷，蔚然大观，世人不仅注重家具的实用功能，而且更要体现使用者的审美情趣、精神寄托和文化修养，以至于有纯粹为装点居家生活环境、满足审美需求而无任何实际用途的摆设家具大量产生。中国古代的家具文化，成为中国传统建筑文化的有机组成部分。

# 大 方 扛 箱 [1] 样 式

柱高二尺八寸，四层。下一层高八寸，二层高五寸，三层高三寸七分，四层高三寸三分。盖高二寸，空[2]一寸五分。梁一寸五分，上净瓶头[3]共五寸。方[4]层板片四分半厚。内子口三分厚，八分大。两根将军柱，一寸五分大，一寸二分厚。奖腿[5]四只，每只一尺九寸五分高，四寸大。每层二尺六寸五分长，一尺六寸阔，下车脚二寸二分大，一寸二分厚，合角斗进[6]，雕虎爪双的[7]。

1. **大方扛箱**：是一种由两人抬着出行的箱子。
2. **空**：盖子的空间，即从盖子的口沿处至盖内顶部的距离，从盖的口沿至盖外侧最顶端的距离为盖高，盖高除去盖板的厚度，即为"空"。
3. **净瓶头**：这里指箱子上净瓶形的柱头。
4. **方**：方有"一面"或"一边"的意思。"方层板片"指各层每一面上的板片。王世襄认为"方"为"各"之误，亦通。
5. **奖腿**：桨腿。

6. **合角斗进**：指车脚（即扛箱的托泥）与箱身采用榫卯结构连接。

7. **雕虎爪双的**：王世襄认为此"虎爪双的"应是"虎爪双钩"之误，指在托泥四角雕出虎爪纹样。如断句为"雕虎爪，双的"亦可通，即在托泥四角雕刻虎爪纹样，用双数。前文"琴凳"和后文"方炉"中分别有"双莲挽双钩"和"卷草双钩"，故此处应以作"虎爪双钩"为妥。

## 译 文

柱子高二尺八寸，一共有四层。下边第一层高八寸，第二层高五寸，第三层高三寸七分，第四层高三寸三分。箱盖高二寸，盖子的空间高一寸五分。提梁一寸五分，上面露出的净瓶形柱头共五寸。各层每一面上的板片四分半厚。子口三分厚，口沿通宽八分。两根将军柱的断面一寸五分大，一寸二分厚。桨腿四只，每只一尺九寸五分高，断面四寸宽。每层二尺六寸五分长，一尺六寸宽。制作的车脚断面二寸二分宽，一寸二分厚，采用榫卯结构的与箱身连接，雕刻虎爪双钩图案。

扛箱

# 衣厨[1] 样式

高五尺零五分，深一尺六寸五分，阔四尺四寸。平分为两柱[2]，每柱一寸六分大，一寸四分厚。下衣樘[3]一寸四分大，一寸三分厚。上岭[4]一寸四分大，一寸二分厚。门框每根一寸四分大，一寸一分厚。其厨上梢一寸二分[5]。

1. **衣厨**：衣橱，即衣柜。

2. **平分为两柱**：此处较难解，易有歧义。王世襄认为此"柱"为柜足，但衣柜每侧应至少设两足，共设四足，否则难以稳固，且明式家具中的衣柜柜足多设于柜底四角，并无必要讲"平分为两柱"。就经文来看，此处应该是讲双开门的衣柜，设有两扇柜门，"平分为两柱"是指在衣柜前后横框的正中位置分别设立两根立柱，将衣柜分为左右两部分，这两根立柱又用于支撑柜膛内屉板，将柜膛分为若干层，使其更为稳固。下文"每柱一寸六分大，一寸四分厚"是指此立柱的尺寸，非指柜足。

3. **下衣横**：柜门之下所安的横桄。

4. **上岭**：指衣柜上顶的"柜帽"部分。

5. **上梢一寸二分**：此衣柜下部略宽，上部略窄，以求稳固，故衣柜上端较下端内收一寸二分。

黄花梨方角柜（成对）　　　　　　　　　　　　　　　　黄花梨亮格柜

## 译　文

　　衣柜高五尺零五分，进深一尺六寸五分，宽四尺四寸。在衣柜中间设前后两根立柱，每根立柱一寸六分宽，一寸四分厚。横桄一寸四分宽，一寸三分厚。衣柜顶部的柜帽一寸四分宽，一寸二分厚。衣柜门框每根一寸四分宽，一寸一分厚。衣橱上部内收一寸二分。

# 食格[1] 样式

柱二根，高二尺二寸三分，带净平头[2]在内，一寸一分大，八分厚。梁尺分[3]厚，二寸九分大。长一尺六寸一分，阔九寸六分。下层五寸四分高，二层三寸五分高，三层三寸四分高。盖三寸高，板片三分半厚。里子口八分大，三分厚。车脚二寸大，八分厚。桨腿一尺五寸三分高，三寸二分大。余大小依此退墨做。

1. **食格**：有版本作食橱，均属同类。形式与杠箱相似，为盛放食物的多层木盒。

2. **净平头**：净瓶头。

3. **尺分**："尺"为"八"之误。指提梁的厚度为八分。

## 译 文

食格的立柱有两根，高二尺二寸三分，包括净瓶头在内，断面一寸一分宽，八分厚。提梁八分厚，二寸九分宽。食格长一尺六寸一分，宽九寸六分。下面第一层五寸四分高，第二层三寸五分高，第三层三寸四分高。食格的盖三寸高，板片三分半厚。内子口通宽八分，三分厚。车脚二寸宽，八分厚。桨腿一尺五寸三分高，三寸二分宽。剩余的部分大小尺寸依照这个标准来画墨线制作。

# 衣折[1] 式

大者三尺九寸长，一寸四分大。内柄五寸，厚六分。小者二尺六寸长，一寸四分大，柄三寸八分，厚五分。此做如剑样。

1. **衣折**：落地衣架。

## 译 文

大的衣折三尺九寸长，立柱一寸四分宽。内柄长五寸，厚六分。小的衣折二尺六寸长，立柱一寸四分宽，柄长三寸八分，厚五分。衣折做成像剑一样的形状。

## 衣 箱 式

长一尺九寸二分，大一尺六分，高一尺三寸，板片只用四分厚。上层盖一寸九分高，子口出五分。或下车脚一寸三分大，五分厚，车脚只是三湾[1]。

1. 三湾：即三弯脚。

## 译 文

衣箱长一尺九寸二分，宽一尺六分，高一尺三寸，板片只使用四分厚。上层的盖一寸九分高，子口五分宽。可以做车脚，尺寸为一寸三分宽，五分厚，车脚只做成三弯脚的样式。

衣箱

## 烛 台[1] 式

高四尺。柱子方圆一寸三分大，分[2]上盘仔八寸大。三分倒挂花牙[3]，每一只脚下交进[4]三片，每片高五寸二分，雕转鼻带叶[5]。交脚[6]之时，可拿板片画成[7]，方员八寸二分，定三方长短，照墨方准。

1. **烛台**：放置蜡烛的照明器具。

2. **分**：此"分"字为误衍。

3. **三分倒挂花牙**：倒挂也称挂牙，是一种宽头在上、窄头在下，倒挂安装的角片。此"三分"非指挂牙大小，而是指分上盘圆周为三等份，做挂牙，与下脚处三个方向的角片（站牙）上下相应。

4. **交进**：安装。此处是指在烛台立柱下安装三片木片，既能使烛台稳固，又能增强装饰性，在三个方向上形成特殊的"桨腿"（站牙）。

5. **转鼻带叶**：一种花纹名称。

6. **交脚**：同交角，指在烛台立柱上安装板片。

7. **可拿板片画成**：此处是讲安装板片的方法。烛台下脚在三个方向上各自安装一块板片，可将下脚作为圆的中心，然后将 360 度分为三等份，使其安装的位置、长短均匀。下文的"八寸二分"即指此"圆"的直径，"定三方长短"则是指用这个方法来确定三块木板的长短。角度、长短确定好后，此烛台的桨腿自然就匀称美观了。

## 译 文

烛台高四尺。立柱直径一寸三分，上面小盘直径八寸。小盘下按圆周三等分安装倒挂花牙，每片挂牙下对应烛台下脚安装三块木片，每片高五寸二分，雕刻转鼻带叶的图案。在交角安装时，可以在圆形样板上画样操作，将下脚作为圆的中心，确定直径为八寸二分，然后将 360 度分为三等份，确定好三块木板的方向和位置，照此画墨线制作才会准确。

# 圆 炉 式 [1]

方圆二尺一寸三分大，带脚及车脚共上盘子一应高六尺五分正。上面盘子一寸三分厚，加盛炉盆贴仔八分厚，做成二寸四分大。豹脚六只，每只二寸大，一寸三分厚，下贴梢一寸厚，中圆九寸五分正。

1. **圆炉式**：盛放圆炉的圆形支架做法。此下看炉式、方炉式、香炉式，皆是讲各种炉制的支架或支案做法。但所谓圆、看、方之类，义较难解。由其尺寸大小来看，圆炉式"一应高六尺五分正"，即高达两米多，可能是大型殿堂内部的一种取暖用大型炉具；看炉式仅九寸高，而方圆大小与圆炉式相近，应是一种高度较低的可以围坐俯视的取暖炉具；方炉式则更矮且方圆也小得多，可能是仅供一人环抱取暖用的炉具。在制作上，越是小型的越讲究精致，最精致的自然要数敬神的香炉。

## 译 文

圆炉支架的直径二尺一寸三分，包括脚和车脚连同上端的盘子一共高六尺五分。正顶端安装的盘子一寸三分厚，盘子上加装盛炉盆的小贴片，贴片八分厚，做成二寸四分大。做抱脚六只，每只二寸宽、一寸三分厚，做一寸厚的贴梢，中间的圆孔直径九寸五分整。

# 看炉式

九寸高，方圆式尺[1]四分大。盘仔下绦环式寸。框一寸厚，一寸六分大，分佐[2]，亦方。下豹脚，脚二寸二分大，一寸六分厚，其豹脚要雕吞头。下贴梢一寸五分厚，一寸六分大，雕三湾勒水。其框合角笋眼要斜八分半方斗得起，中间孔方员一尺，无误。

**1. 式尺：** 此"式尺"为"式尺"即二尺之误，下句"式寸"为"式寸"之误。

**2. 佐：** 此处同"做"。

## 译 文

看炉支架九寸高，直径二尺四分。小盘下面做二寸大的绦环。框一寸厚，一寸六分宽，分别做，也是方的。做抱脚，尺寸为二寸二分宽，一寸六分厚，抱脚要雕刻吞头。做贴梢，一寸五分厚，一寸六分大，雕刻成三弯勒水。框的合角榫眼要倾斜八分半，这样才能拼接在一起，中间的孔一尺大，不要做错。

# 方炉式

高五寸五分。圆尺内圆九寸三分。四脚二寸五分大，雕双莲挽双钩。下贴梢一寸厚，二寸大。盘仔一寸二分厚，绦环一寸四分大，雕螳螂肚[1]接豹脚相称。

1. **螳螂肚**：原为绘画中画兰叶的术语，指兰叶中段圆浑饱满，形如螳螂肚。在明清家具中，将牙条中段下垂或柱腿中段外凸称为螳螂肚。

## 译 文

方炉支架高五寸五分。用圆尺在内部画圆，圆的直径为九寸三分。四脚断面二寸五分大，雕双莲挽双钩的纹样。做贴梢一寸厚，二寸宽。小盘一寸二分厚，绦环一寸四分大，雕刻螳螂肚连接抱脚，使二者相称。

# 香炉样式

细乐者长一尺四寸，阔八寸二分。四框三分厚，高一寸四分。底三分厚，与上样样阔大[1]。框上斜三分，上加水边，三分厚，六分大，起廉竹线[2]。下豹脚，下六只，方圆八分大，一寸二分大。贴梢三分厚，七分大，雕三湾车脚。或粗的不用豹脚，水边尺寸一同。又大小做者，尺寸依此加减。

1. **与上样样阔大**：前一"样"字可能为"同"或"一"字之误，此处指香炉支架的底座与上端同宽。
2. **廉竹线**：应同厅竹线。

## 译 文

精致的香炉支架长一尺四寸，宽八寸二分。四框三分厚，一寸四分高。底三分厚，与上部同样宽大。框上部倾斜三分，上面加做水边，三分厚，六分宽，做厅竹线。做抱脚六只，断面直径为八分，一寸二分大。贴梢做三分厚，七分大，雕刻成三弯脚。车脚如果粗糙简易，不用做抱脚，水边的尺寸相同。此外的大小香炉支架，依照这个尺寸增加或减少。

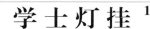

# 学 士 灯 挂 [1]

前柱一尺五寸五分高，后柱子式尺 [2] 七寸高，方圆一寸大。盘子一尺三寸阔，一尺一寸深。框一寸一分厚，二寸二分大。切忌有节树木，无用。

1. 学士灯挂：灯挂椅，明清家具的一种，"学士"为雅称。详见后文延伸阅读部分。
2. 式尺：为"弍尺"之误。

## 译 文

学士灯挂椅的前柱一尺五寸五分高，后柱二尺七寸高，断面直径一寸。椅盘一尺三寸宽，一尺一寸深。木框一寸一分厚，截面二寸二分大。不要使用有疖疤的木料。

### 灯挂椅

灯挂椅是一种靠背椅，搭脑两端出挑，向上翘起，与江南农村所用竹制油盏灯提梁相似，因此得名为"灯挂椅"。灯挂椅至少在五代时便已出现，如五代顾闳中所绘的《韩熙载夜宴图》中便有此类座椅，宋墓中也有类似明器出土。到明代时，灯挂椅已经十分普及，成为具有代表性的明式家具。

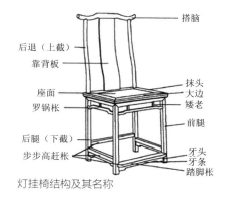

灯挂椅结构及其名称

灯挂椅设有两根背柱，背柱中间为背板，上承形似油盏灯提梁的搭脑（横梁），座椅不设扶手，整体通光，不做雕饰，个别做装饰者，也仅于背板中心雕一组简单图案。明清时期的灯挂椅多用木质坚硬的黄花梨、红木、榉木或铁力木制成，并且很少上色，看上去纹理很清晰，素有"清水货"之称。

灯挂椅

# 香几 [1] 式

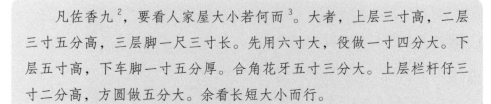

凡佐香九 [2]，要看人家屋大小若何而 [3]。大者，上层三寸高，二层三寸五分高，三层脚一尺三寸长。先用六寸大，役做一寸四分大。下层五寸高，下车脚一寸五分厚。合角花牙五寸三分大。上层栏杆仔三寸二分高，方圆做五分大。余看长短大小而行。

1. **香几**：放置香炉的几案。
2. **佐香九**："九"为"几"之误。
3. **要看人家屋大小若何而**：此处可能有脱文，当补作"要看人家屋大小若何而做（定）"，指香几的做法要根据主人家房屋大小来确定尺寸。另外，在古文中，"而"作连词时有"如果"之意，表示假设，断句时将"而"归入下句亦可通。

## 译 文

凡是做香几，要看主人家房屋大小如何。如果做大的香几，上面一层三寸高，第二层三寸五分高，第三层连接立脚，长一尺三寸。下料时先用六寸大小，做成后大小为一寸四分。下层五寸高，做车脚一寸五分厚。合角花牙五寸三分宽。上层的小栏杆三寸二分高，直径五分。其余部件根据香几的长短大小而制作。

三足香几

四足香几

五足香几

# 招　牌 [1] 式

大者六尺五寸高，八寸三分阔。小者三尺二寸高，五寸五分大。

1. **招牌**：挂在店铺门前作为标志的牌子。

## 译 文

大的招牌六尺五寸高，八寸三分宽。小的招牌三尺二寸高，五寸五分宽。

# 洗 浴 坐 板 [1] 式

二尺一寸长，三寸大，厚五分。四围起剑脊线。

1. **洗浴坐板**：洗浴时所用坐板。

## 译 文

二尺一寸长，三寸大，厚五分。四周做剑脊线。

# 药 厨[1]

高五尺，大一尺七寸，长六尺。中分两眼[2]。每层五寸，分作七层，每层抽相[3]两个。门共四片，每边两片[4]。脚方圆一寸五分大。门框一寸六分大，一寸一分厚。抽相板四分厚。

1. **药厨**：药橱。
2. **两眼**：即两孔，此处指把药橱整体分成左右两部分。
3. **抽相**：抽箱。
4. **门共四片，每边两片**："片"指门扇。此药橱六尺长，从中间分为左右两部分，每部分再分别安装两扇对开的门，共设四扇。

## 译 文

药橱高五尺，宽一尺七寸，长六尺。从中间分成左右两部分。总共分成七层，每层五寸高，各安两个抽箱。药橱前面共设四扇门，每边安两扇。药橱底脚断面一寸五分。门框一寸六分宽，一寸一分厚。抽箱板片四分厚。

# 药 箱

二尺高，一尺七寸大，深九[1]。中分三层，内下抽相[2]，只做二寸高。内中方圆交佐己孔[3]如田字格样，好下药。此是杉木板片合进，切忌杂木。

1. **深九**：此处有脱文，当为"深九寸"。

2. **中分三层，内下抽相**："抽相"即"抽箱"。此处指药箱内部分为三层，每层安装小抽屉。但下文讲"只做二寸高"较难理解。药箱总共高二尺，如果分三层，每层抽箱高二寸，合高也不过六寸而已，即便考虑到各层间空隙在内也与两尺相差过大。因此经文中的层数或尺寸可能有讹误。也可能是指视情况将药箱分为空间较大的三层，然后各层再设两寸高的抽屉，但如此又显得烦琐。存疑待考。

3. **已孔**：为"几孔"之误。

## 译 文

　　药箱二尺高，一尺七寸宽，深九寸。里面分成三层，内部做抽箱，每个抽箱只做二寸高。抽箱内部划分为几个田字格样的方格，方便放药。这种药箱要用杉木板片拼合而成，切忌使用杂木。

药箱

# 火斗 [1] 式

　　方圆式寸[2]五分，高四寸七分，板片三分半厚。上柄柱子共高八寸五分，方圆六分大，下或刻车脚上掩。火窗[3]齿仔四分大，五分厚，横二根，直六根或五根。此行灯擎[4]高一尺二寸，下盛板三寸长，一封书[5]做一寸五分厚，上留头一寸三分，照得远近。无误。

1. **火斗**：有多种解释。通常来讲，火斗是指古代的熨烫器具，呈长柄状，前面有铁或铜制的小斗，使用时在斗内放置燃烧的木炭，用于熨烫，也称为熨斗。在南方客家方言中，火斗是指一种简易的手提取暖工具，制成木箱或竹篮状，也称"烘篮"。就《鲁班经》经文描述来看，这里的火斗并非熨烫所用的熨斗，也不是取暖所用的烘篮，而是一种开窗带柄的木箱状器具，内设灯架，且经文中有"灯擎……照得远近无误"等文字。据此来看，此火斗应该为南方某些地区流行的照明工具。

2. **式寸**：为"弍寸"之误。

3. **火窗**：蜡烛火光透出的窗孔。

4. **灯擎**：灯架，烛台。

5. **一封书**：按照一本书的形状。

## 译 文

　　火斗的长宽均为二寸五分，高四寸七分，板片三分半厚。上面的柄连同柱子一共高八寸五分，断面六分，柱子下面可以刻成向上掩卷的车脚。火窗上的小窗齿直径四分宽、五分厚，设横棂二根，直棂六根或五根。这种火斗安装使用的灯擎高一尺二寸，下面放置三寸长的板片，按照一本书的样子做成一寸五分厚，上面留出一寸三分的空隙，这样远近都能照亮。要做得准确无误。

# 柜 式

　　大柜上框者二尺五寸高，长六尺六寸四分，阔三尺三寸。下脚高七寸。或下转轮[1]斗在脚上，可以推动。四住每住三寸大[2]，二寸厚，板片下叩框方密[3]。小者板片合进，二尺四寸高，二尺八寸阔，长五尺零二寸，板片一寸厚板。此及量斗及星迹[4]。各项谨记。

1. **转轮**：可以转动的轮子，安在笨重器具下面，方便移动。家具的脚轮，即安装在家具下端可以转动的滚轮，俗称转脚，可以使笨重的家具能够自由移动，从而方便使用。最初的脚轮是用硬木制成的，木轮安在水平轴上，水平轴再固定在家具底部，从而通过滚轮的转动来实现家具的移动。现代脚轮的制作已经十分成熟，可以实现360度的旋转，因此又得名"万向轮"，被广泛用于桌椅、沙发、床等家具上。

2. 四住每住三寸大："住"为"柱"之误，此处是指柜的四柱断面三寸宽。

3. 板片下叩框方密：据经文来看，这是指做柜框的方材要有一定的厚度和宽度，然后在木框上打槽，将板片（柜帮）嵌入槽内，并结合紧密。

4. 此句经文难解，或有讹误。

## 译 文

　　安装边框的大柜，高二尺五寸，长六尺六寸四分，宽三尺三寸。做柜脚高七寸。有的在柜脚下安转轮，这样就可以推动。柜子的四柱每根三寸宽，二寸厚。做柜框的方材要有一定的宽度和厚度，这样能够做得严密牢固。小的柜子只用板片安装制造，二尺四寸高，二尺八寸宽，五尺二寸长，使用一寸厚的板片。各项尺寸要谨记。

# 象 棋 盘 式

　　大者一尺四寸长，共大一尺二寸。内中间河路一寸二分大，框七分方圆[1]，内起线三分方圆。横共十路，直共九路。何路榫要内做重贴[2]，方能坚固。

1. 方圆：这里的"方圆"指四周边框的宽度，"圆"有"周"意。下句"内起线三分方圆"，指贴边框内侧所画的边框线宽三分。

2. 何路榫要内做重贴："何"应为"河"。河路，指象棋盘中的"河界"，也写作"楚河·汉界"。河路内做榫贴，应是一种可以沿河路中间折叠起来的棋盘。

## 译 文

　　大的象棋盘一尺四寸长，通宽一尺二寸。棋盘中的界河路一寸二分宽，边框宽七分，边框内侧画边框线宽三分。棋盘上共作十路横线，九路直线。河路的榫要做双重贴片，才能坚固。

### 中国象棋的历史

　　中国象棋有着十分悠久的历史。相传最初的象棋可能产生于商周时期，到战国时，已经有关于象棋的文献记录。如《楚辞·招魂》中便有"菎蔽象棊，有六簿些"的记载，"棊"即"棋"字，不过据研究其棋制与现代有较大差异，由棊、箸、局三种器具组成。棊（棋）是棋子，用象牙雕刻而成，每方六子，分别为枭、卢、雉、犊、塞（2枚），以枭为主帅；箸，相当于骰子，每次行子前进行投掷；局为棋盘。后来的象棋当是模仿兵制而设计的，具有军事训练、布阵操演的意义，并且取消了行子投箸的环节，即强调双方在棋子对等的情况下，凭借智谋取胜。南北朝时，北周武帝（561—578年）制《象经》，庾信撰《象戏经赋》，被视为象棋形制改革完成的标志。唐代时，代表兵种的象棋子进一步丰富，共设将、车、马、卒、炮、士、象七种棋子，已与现代象棋基本相同。经过宋元的发展，象棋最终定型：双方各十六枚棋子，分别设将（帅）1枚，车、马、炮、象（相）、士（仕）各2枚，卒（兵）各5枚，各有不同的行走路线和战斗力，由双方轮流行子，以先吃掉对方将（帅）者为胜。《鲁班经》中所述象棋盘，与现代象棋盘相同，九路纵线，十路横线，中间有"河路"为界。

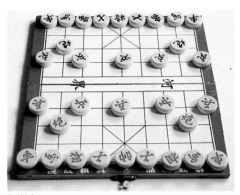

象棋盘

# 围 棋 盘 式

方圆一尺四寸六分，框六分厚，七分大，内引六十四路长通路[1]，七十二小断路，板片只用三分厚。

---

**1. 长通路：** 义不解，观此处经文，"长通路"与后文"小断路"似指围棋盘内所置棋格，但其数目又与围棋盘有较大出入，存疑待考。

## 译 文

围棋盘的长宽均为一尺四寸六分，框六分厚，七分宽。棋盘盘面画六十四条长通路，七十二条小断路。板片只用三分厚。

 延伸阅读

### 围棋的历史

围棋，发明于中国古代，被认为是世界上最复杂的棋类游戏之一。现代围棋使用黑白二色圆形棋子在方形格状棋盘上进行对弈，棋盘上有纵横各 19 条直线交为 361 个点位，对弈双方交替行棋落子于交叉点上，落子后不能移动，以形成无法为对方棋子填死的眼气所占之地多者为胜。中国古代围棋是黑白双方在对角星位处各摆放两子（对角星布局），由白棋先行。现代围棋规则由日本发展而来，取消了座子规则，黑先白后，使围棋的变化更加复杂。

相传围棋为尧舜时期所发明，虽难以考证，但表明围棋有着十分古老的历史。根据先秦文献的记载，围棋在春秋时期已在社会上广泛流传了。那时称围棋为"弈"，下围棋被称为"对弈"，棋手被称为"弈者"，并产生了"举棋不定"这样的成语故事。战国时期的弈秋，是见于确切文献记载的历史上第一位围棋高手，其棋艺高超，故以弈为名，不少仰慕者前去学习。《孟子》一书中还有"学弈"的哲理故事：有两人同时向弈秋学习，一人专心致志地听弈秋讲解，另外一人却总是三心二意，最终后者棋艺远不及前者，孟子以此劝诫世人学习做事时应集中精力，不可三心二意。早期的围棋，

同象棋一样，也曾被作为锻炼排兵布阵等军事才能的手段，东汉马融的《围棋赋》就直接把围棋描述如战场一般，像三国时的曹操、孙策、陆逊等，既是著名的军事指挥家，也都是棋盘高手。早期的围棋盘，有纵横各 11、15、17 道三种。汉魏之际的文学家、游艺家邯郸淳所著中国首部游艺著作《艺经》中，曾讲到围棋之棋道、棋品，说棋局纵横各 17 道，合 289 道，白黑棋子各 150 枚（《艺经》在元时已佚，仅有若干条存于其他文献中）。1952 年，考古工作者于河北望都县一号东汉墓中发现了一件石质围棋盘，呈正方形，盘下有四足，局面纵横各 17 道，这是目前所见中国年代最早的围棋盘，为汉魏时期围棋盘的形制提供了形象的实物资料。

魏晋南北朝时期是围棋棋制发生重要变化的时期，当时社会由于玄学的兴起，文人学士以尚清谈为荣，因而弈风更盛，下围棋被称为"手谈"。上层统治者也无不雅好弈棋，他们以棋设官，建立"棋品"制度，对有一定水平的"棋士"，授予与棋艺相当的"品格"（等级）。当时的棋艺分为九品，现在日本围棋分为"九段"即源于此。《南史·柳恽传》载："梁武帝好弈，使恽品定棋谱，登格者二百七十八人"，可见棋类活动之普遍。发现于敦煌石窟的手写卷《棋经》（原件现藏伦敦大英博物馆），是我国现存最早的围棋著作，其抄写最迟不过五代北周，而其最早成书可能是在南北朝时期。此书记载了当时的围棋规则和棋艺，言当时的围棋棋局是"三百六十一道，仿周天之度数"，表明南北朝到隋唐时已流行纵横各 19 道的围棋了，这与现在的棋局形制完全相同。

唐宋时期是围棋游艺第二次重大变化时期。由于帝王们的喜爱以及其他种种原因，围棋得到长足的发展，对弈之风遍及全国。这时的围棋，已不仅在于它能锻炼军事才能的价值，而主要在于陶冶情操、愉悦身心、增长智慧。弈棋与弹琴、写诗、绘画被人们引为风雅之事，成为男女老少皆宜的游艺娱乐项目。在新疆吐鲁番市阿斯塔那第 187 号唐墓中出土的《仕女弈棋图》绢画，就是当时贵族妇女对弈围棋情形的形象描绘。当时的棋局已以 19 道作为主要形制，围棋子已由过去的方形改为圆形。1959 年河南安阳市隋代张盛墓出土的瓷质围棋盘，现藏日本东大寺正仓院的唐代赠送日本孝武天皇的象牙镶嵌紫檀木围棋盘，皆为纵横各 19 道。中国体育博物馆藏有唐代黑白圆形围棋子，江苏淮安市宋代杨公佐墓出土有 50 枚黑白圆形棋子。唐代"棋待诏"制度的实行，也是中国围棋发展史上的一个新标志。所谓棋待诏，就是唐翰林院中专门陪同皇帝下棋的专业棋手。当时，供奉内廷的棋待诏，都是从众多的棋手中经严格考核后入选的。他们都具有第一流的棋艺，故有"国手"之称。由于棋待诏制度的实行，扩大了围棋的影响，也提高了棋手的社会地位。这种制度从唐初至南宋延续了500余年，对中国围棋的发展起了很大的推动作用。从唐代始，昌盛的围棋随着中外文化的交流，逐渐走出国门。首先是日本，遣唐使团将围棋带回，很快在日本流传。除了日本，朝鲜半岛上的百济、高丽、新罗也同中国有来往，特别是新罗多次向唐派遣使者，而围棋的交流更是常见之事。

明清时期，围棋继续发展，流派纷起。长期为士大夫垄断的围棋，也开始在市民阶层中发展起来，民间围棋游艺和比赛活动兴盛，名手辈出，一些民间棋艺家编撰的围棋谱也大量涌现，仅明版棋谱和有关围棋历史与理论的著述现存世就有20余种，也为后人留下了一些名传千古的精妙棋局。到了近代，围棋在日本蓬勃发展，中国的围棋水平逐渐被日本赶超。新中国成立后，大力发展围棋事业，特别是从二十世纪八十年代中后期至今，世界围棋格局逐渐形成中、日、韩三国鼎立的局面。

河北望都县东汉墓出土石围棋盘

新疆阿斯塔纳唐墓出土《仕女奕棋图》

河南安阳市隋代张盛墓出土白瓷围棋盘

日本正仓院藏唐紫檀木围棋盘

# 算盘式

一尺二寸长，四寸二分大。框六分厚，九分大，起碗底线。上二子[1]一寸一分，下五子三寸一分，长短大小，看子而做。

1. 子：算珠，串在直柱上，代表数值。

## 译 文

算盘一尺二寸长，四寸二分宽。边框六分厚，九分宽，做碗底线。上部两颗算珠，宽一寸五分，下部放五颗算珠，宽三寸一分。算盘直柱的长短大小根据算珠来做。

### 算盘的历史

算盘是一种历史悠久的计算工具，关于其出现的具体时间，有多种说法。有传说称算盘是黄帝手下一个叫隶首的人所创，有人推测算盘可能起源于周代，但都难以考证。珠算最早见于东汉数学家徐岳所著的《数术记遗》："珠算控带四时，经纬三才。"北周甄鸾注曰："刻板为三分，位各五珠，上一珠与下四珠色别，其上别色之珠当五，其下四珠各当一。"由此可知，其与现代算盘存在差异，是一种"一四珠式"，即中梁上以一珠当五，中梁以下以一珠当一。北宋张择端所绘《清明上河图》中，可见有手持算盘的人物，可知北宋时期算盘应该已经比较普遍了。《鲁班经》中所述算盘，为上下两栏式，上栏每串设珠两枚，下栏每串设珠五枚，与现代算盘已经基本一致，也称作"二五珠式"。此外，明代也还流行"一四珠式"算盘。

由于算盘制作简单，价格便宜，且易于运算，因而得到了广泛使用，并且逐渐传播到了日本、朝鲜和东南亚地区，并被一些欧美国家所使用。时至今日，还有不少人在使用

明代黄花梨算盘

算盘计算，足见其影响之深远。

# 茶盘托盘样式

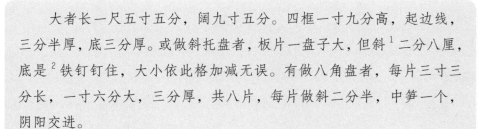

　　大者长一尺五寸五分，阔九寸五分。四框一寸九分高，起边线，三分半厚，底三分厚。或做斜托盘者，板片一盘子大，但斜[1]二分八厘，底是[2]铁钉钉住，大小依此格加减无误。有做八角盘者，每片三寸三分长，一寸六分大，三分厚，共八片，每片做斜二分半，中笋一个，阴阳交进。

**1.** 斜：托盘周围的斜面。

**2.** 是：通"使"。直解亦通。

## 译 文

　　大的长一尺五寸五分，宽九寸五分。四框一寸九分高，做边线，三分半厚，底三分厚。有做斜面托盘的，板片尺寸同盘子一般大，但周围的斜边为二分八厘厚，盘底是用铁钉钉住

托盘

的，大小依照这个标准增加或减少，不会出现错误。有的做成八角盘，每段板片三寸三分长，一寸六分宽，三分厚，总共八片，每片加工成倾斜二分半的形状，中间做一个榫，通过阴榫和阳榫的交接来组合板片。

### 饮茶与茶文化

　　茶是我国最为古老的饮品，也是世界三大饮料之一。在一些传说和古籍中，茶最

初是被用作药物来使用，而不是日常的饮品。到西汉时，王褒在《僮约》一书中提到"烹茶"和"买茶"，表明汉代已经开始将茶叶作为饮品来加工制作。早期饮茶的方式为"煮茶"，这种饮茶方式到唐代十分盛行，时人陆羽所著《茶经》，是世界上现存最早、最完整、最全面的茶叶与饮茶专著。到宋代时，又出现了"点茶法"。煮茶法和点茶法都是饼茶的饮用方式。从明代开始，茶叶的形式更为多样，因而出现了散茶冲泡的饮用方式。经过两千余年的发展，饮茶不仅成为人们日常生活方式的重要组成部分，同时也形成了独具特色的茶文化。

　　茶文化主要是指饮茶活动过程中所蕴含的文化特征。一般认为，茶文化始于魏晋南北朝时期，发展于唐，兴盛于宋，普及于明清，并一直影响至今。人们在饮茶时，对饮茶之水、泡茶之器、冲茶之步骤和品茶之环境，都有着较高的追求。将这些追求落实到饮茶的过程中，便产生了茶艺与茶道。茶艺与茶道，是中国茶文化的核心。茶艺即饮茶艺术，包括备器、择水、取火、候汤、习茶等技艺，为艺术性的饮茶，体现在品茶环境、奉茶礼节等诸多方面；茶道即饮茶之道，是集生活礼仪与修身养性于一体的饮茶方式，包括备茶品饮之道和修身养性之道。宋代以后，中国茶艺与茶道传入日本、朝鲜，获得了新的发展。

# 手 水 车 [1] 式

　　此与踏水车式同，但只是小。这个上有七尺长或六尺长水厢 [2]，四寸高，带面上梁贴仔高九寸。车头用两片樟木板，二寸半大，斗在车厢上面。轮上关板剌 [3] 依然八个，二寸长。车手二尺三寸长。余依前踏车尺寸扯短是。

1. **手水车**：用手带动的水车。
2. **水厢**：水箱。
3. **关板剌**：水车的汲水构件，为安在水车圆轮上的木槽或木筒。

## 译 文

　　这种水车与踏水车样式相同，只是小一些。这个水车上面安装有七尺长或六尺长的水箱，水箱四寸高，包括水箱面上的小贴梁总共高九寸。水车的车头用两片樟木板制作，二寸半大，安在车厢上面。轮上的关板刺依然是八个，每个二寸长。水车推手二尺三寸长。其余的依照前述踏水车的尺寸缩小就是。

# 踏 水 车¹ 式

　　四人车头梁八尺五寸长，中截方，两头圆。除中心车槽七寸阔。上下车板刺八片，次分四人，己阔²下十字横仔一尺三寸五分长。横仔之上斗棰仔，圆的，方圆二寸六分大，三寸二分长。两边车脚五尺五寸高。柱子二寸五分大，下盛盘子³长一尺六寸正、一尺大、三寸厚，方稳。车桶一丈二尺长，下水厢八寸高、五分厚。贴仔一尺四寸高，共四十八根，方圆七分大。上车面梁一寸六分大，九分厚，与水厢一般长。车底四寸大、八分厚，中一龙舌⁴，与水厢一样长，二寸大、四分厚。下尾上椹水仔，圆的，方圆三寸大，五寸长。刺水板亦然八片。关水板骨八寸长、大一寸零二分，一半四方，一半薄四分，做阴阳笋斗在拴骨上。板片五寸七分大，共计四十八片关水板。依此样式尺寸，不误。

1. **踏水车**：用脚踩动使其转动的水车。按：这里踏水车式是在手水车式之后叙述的，但"手水车式"一段经文中却言"依前踏车式尺寸"，《鲁班经》在流传过程中产生的不同抄刻版本内容的错乱，由此可见一斑。

2. **己阔**：自己这边的宽度，指一人的宽度。

3. **盛盘子**：指安装的踏脚板。

4. **龙舌**：水车的构件。

# 译 文

四人踏水车的头梁八尺五寸长，中部截面为方形，两端为圆形。除中心外，车槽七寸宽。上面做车板刺八片，分为四个人的位置，每个位置做十字小横木，横木一尺三寸五分长。横木上面安装圆的小木槌，直径二寸六分，三寸三分长。两边车脚五尺五寸高。立柱二寸五分大，下面安装踏板，长一尺六寸整、一尺宽、三寸厚，这样才稳固。车桶一丈二尺长，做水箱八寸高、五分厚。贴片一尺四寸高，共四十八根，断面七分大。安装水车面梁，一寸六分宽，九分厚，与水箱一样长。车底四寸宽、八分厚，中间做一个龙舌，与水箱一样长，三寸宽、四分厚。做车尾上所安装的圆形水椹板，直径三寸，五寸长。刺水板也是八片。关水板骨八寸长、宽一寸二分，一半做成四方状，一半做成薄四分的木板，做阴阳榫安装在拴骨上。板片五寸七分大，共计四十八片关水板。依照这个样式尺寸做，不要有差错。

## 水车

水车又被称为孔明车，是我国古代的农业灌溉工具。水车的历史十分古老，相传发明于汉灵帝时期，后来经过三国时期孔明的改造得以推广。最早的水车为龙骨水车，也称为"翻车"，大约出现在公元 168—189 年。到隋唐时，又出现了更为先进的斗式水车，因其传动齿轮形似八卦，故又被称作八卦水车。在电力发明前，水车被作为一种先进的灌溉工具而长期使用，其动力主要有人力、畜力、风力和水力，对促进农业的发展起到了重要作用。

水车

# 推 车 式

凡做推车，先做车屑[1]，要五尺七寸长，方圆一寸五分大。车軏[2]方圆二尺四寸大。车角[3]一尺三寸长，一寸二分大。两边棋枪[4]一尺二寸五分长，每一边三根，一寸厚，九分大。车軏中间横仔一十八根，外軏板片九分厚，里外共一十二片合进。车脚[5]一尺二寸高，锁脚[6]八分大。车上盛罗盘，罗盘六寸二分大，一寸厚。此行俱用硬树的方坚牢固。

1. **车屑**：车楔，这里指车辕。
2. **车軏**：车辕与车衡相接的关键构件。
3. **车角**：即车较，车箱两旁板上的横木。
4. **棋枪**：旗枪，指车旗的旗杆。
5. **车脚**：推车停放时，起支撑作用的立柱。
6. **锁脚**：即上文中的锁脚枋，也称下横枋，横置于立柱间的木枋，起固定作用。

## 译 文

凡是做推车，首先做车辕，要五尺七寸长，断面一寸五分大。车軏断面二尺四寸大。车角一尺三寸长，一寸二分宽。两边棋枪一尺二寸五分长，每边做三根，每根一寸厚、九分宽。车軏中间做十八根横木棍，外軏板片九分厚，里外一共使用十二片安装。车脚一尺二寸高，锁脚八分大。车上安放罗盘，罗盘直径六寸二分，一寸厚。做推车都使用坚硬的树木才能坚实牢固。

独轮手推车

# 牌 匾 <sup>1</sup> 式

看人家大小屋宇而做。大者八尺长、二尺大，框一寸六分大、一寸三分厚。内起棋盘，中下板片上行下。

1. 牌匾：也称作匾额、匾牍、牌额，或简称为匾、扁或额，为悬挂于门上方的长方木板状构件，周缘有修饰，横置或竖置，上面题字标明建筑物的名称，并起装饰作用。

## 译 文

根据主人家屋宇大小来制作。大的牌匾八尺长、二尺宽，边框断面一寸六分宽、一寸三分厚。在里面画棋盘线，中间从上往下安装板片。

故宫仁寿殿匾额